U0092736

比臥底報導更真實的故事

什麼都能外送！

資深社會記者轉行做外送、代駕、揀貨員
揭露惡性競爭內幕、拆穿高收入假象

金夏永 김하영 著　馮燕珠 譯

三民書局

序 為平臺勞動者而寫的報導

在我住的大樓附近商圈，有間炸雞店的炸雞很好吃，我常去買，有時會先打電話預訂再去取餐。我不曾訂過外送。比起點擊幾次就能成交的網路購物，我更喜歡推著購物車到處閒逛的消費方式。不管買衣服或鞋子，我一定要到現場親自試穿過才買。偶爾若是想買照相機之類的高單價商品，不免俗地我也會上網查找最優惠的商品，但我都會選擇「現場領取」。這樣看來，我顯然是落後於現今這個「外送全盛時期」的人，然而這樣的我，卻投身「外送前線」。

我會投入外送前線，大概可以分為兩大原因。

第一，好奇。二〇一八年韓國出現了貨運司機「上億年薪」[1]的報導；二〇二〇年，又出現了「上億年薪」的外送員。在此之前，我只聽過很努力的代理

---

① 譯註：本書中若無特別註明，幣值皆為韓幣。目前新臺幣一元約等於韓幣四三元。

駕駛司機，一個月最多可以賺四百萬元以上的例子。嗯，所以現在只要跑外送，就可以賺那麼多錢嗎？應該是不可能的吧。

在韓國，「酷澎」（coupang）、「11 street」、「薇美鋪」（WeMakePrice）、「Gmarket」等具代表性的網路電商急速成長；而以「外送民族」（以下簡稱「外民」）、「Yogiyo」為象徵的餐飲外送平臺，以更快的速度改變餐飲文化的版圖。二〇一六年，韓國最大的通訊軟體「Kakao Talk」正式將觸角涉足代駕市場；二〇二〇年，從計程車業退出的「TADA」也轉入代駕市場。在韓國，代駕的市場規模達到三兆元，讓我很好奇這個市場的發展背景。

第二，鬱悶。二〇一九年韓國社會經歷了「TADA風波」②，一邊是擁護技術進步和消費者便利性，主張打破舊制；一邊則死守生存權，甚至不惜動用自焚抗爭的極端手段，造成強烈對立局面，讓人非常遺憾。過去在教科書中讀到的「盧德運動」（Luddite）③，似乎在二十一世紀的韓國重演。雖然最後TADA被迫退出，但在我看來，社會對這個問題的解決方式無法讓人滿足，因為並未提出對時代變化大趨勢的討論和方向，似乎只是歸結為眼前的利益調整，真是讓人感到很鬱悶。

媒體上經常出現類似「一日體驗記」的報導，但仍難解我的好奇心與鬱悶感，所以我決定自己找答案，在二〇二〇年一月毅然決然辭去工作，投入外送市場。我在酷澎物流中心做日薪制兼職人員；加入外民擔任美食外送員；還當過Kakao代駕司機。從不同的工作中，傾聽所遇到的各種故事。

我當了十八年的記者，若採訪貨運司機、美食外送員和代駕司機，對我來說會是比較熟悉也方便的方式，但這一回我想成為當事人，不是旁觀者，因為成為當事人可以看到不一樣的東西。然而才剛開始投入，馬上就面臨巨大的改

②譯註：TADA（타다）的韓文為「搭乘」之意，是一種共享租車服務，顧客加入會員後可以用APP叫車。TADA以十一人座車、優質司機、絕不拒載、安全等優勢，瞬間取得廣大支持，但也對傳統計程車業造成莫大衝擊，因而導致傳統計程車司機的強烈反彈、抗議，甚至還有司機自焚。最後TADA於二〇二〇年四月被迫終止服務。

③譯註：盧德運動是十九世紀英國民間對抗工業革命、反對紡織工業化的社會運動，因為工業革命運用機器大量取代人力，使許多工人失業。

變——受新冠肺炎（COVID-19）疫情影響，美食外送及貨運的需求大增。外送員不足，貨運司機也因突然暴增的貨運量而頻頻傳出過勞的不幸消息。我們的社會再次等到付出生命代價，才開始正視問題。另一方面因疫情影響，聚會減少，人們避免面對面接觸，導致代駕司機的收入減少了一半。

美食外送和貨運、代駕司機均是「特殊僱傭勞動者」，又稱「平臺勞動」、「訂購型勞動」，都是智慧型手機誕生後，因技術變化而產生的職業。科技不斷變革，職業的型態也會跟著變化，但當我實際投入現場才發現，技術發展超前，但制度卻很落後。

•••

二〇〇三年我為了採訪韓國貨運聯盟發起的罷工，認識了一名貨運司機，我坐進他那二十五噸重的貨車，一起從釜山前往首爾。一路上我們聊了很多。我們在新灘津休息站暫時停下車，吃著烏龍麵，他對我說：

「IMF時期④我被公司裁員，因為我在當兵時就考取大貨車執照，為了生存，我用遣散費加上貸款買了一輛二手大貨車，開始跑車送貨。二〇〇〇年開始經濟復甦，算是賺得還不錯。但是後來油價上漲、過路費調升，連吃個飯也變貴了。什麼都漲，運費卻仍原地踏步，因為層層剝削的關係，上游包給下游，下游再轉包，即使主客戶提高運費，但實際上落到貨車司機手上的收入，大概會被扣掉三〇％以上。真的很委屈啊。但中間的物流業者們為了利益勾搭在一起，隨意決定中間的抽成。大家都以為我們這些貨車司機常常聚在一起打小牌、泡茶聊天，凝聚力一定很強，但實際上並不團結，所以不管在哪裡都發不出聲音，一旦有什麼抱怨，人家的貨就不分配給你，所以有苦只敢往肚裡吞，什麼話都不敢說。

但聽說在美國的工會中，最強勢的就是貨車司機工會，所以為了讓我們的聲音可以發出去，才會成立貨運聯盟。記者先生你也是因為貨運聯盟誕生，司

④編註：指一九九七年時，股市暴跌、韓元狂貶、外匯存底嚴重不足，引起企業倒閉、失業潮，政府在十二月三日宣布破產，後來向國際貨幣基金組織（ＩＭＦ）求援，借了一九五億美元，二〇〇〇年底才還清債務，影響民生甚鉅。

機們在車上貼著聯盟的貼紙，聚在一起高喊口號，才會聽我的故事對吧，要不然怎麼會對我們這些人有興趣呢？不過能聚在一起集會、發表新聞稿，應該就是有力量的人吧？今天這碗烏龍麵我請你，希望你以後可以聽聽那些沒能力發表新聞稿的人們的聲音。」

• • • •

我把過去二百多個日子，在現場一邊工作一邊觀察、傾聽、感受以及思考的東西都記錄在這裡，而現在我仍在現場，希望這本書成為今天在路上孤軍奮戰的平臺勞動者的報導。

二〇二〇年十一月

金夏永

推薦文

「平臺勞動」一詞乍看給人一種幹練的感覺。代表企業有酷澎、外送民族、Kakao 等，都是透過數據科技革新在市場上掀起了革命。作者親自進入這些以正面詞彙包裝的領域中，近身仔細觀察「人」在其中是什麼狀況。除了揪出高收入的假象，還適時地搭配時代背景，點出現代人會對這種不穩定的勞動方式感到有魅力的原因，為讀者導覽外送世界的真實面貌，不管是誰若有心投入外送市場，只要讀完本書，必定不會感到不知所措，很快就能撕掉新手的標籤。

——吳燦浩（社會學者，作家。著有《沒人說過世界不會變好》）

我記憶中的作者喜歡繪畫，他的畫作讓人感覺沉靜，事物都各有其位。他以做畫的眼，仔細觀察新冠疫情之下驟然進入勞力市場的平臺勞動和代駕司機的工作。若將這本書當作一幅畫，可以發現一種微妙的寧靜。幾乎無需對話，人際聯繫少之又少，沉默瀰漫其中，偶爾能感受到他們在商品之間奔走時的呼吸。那些工作的人們來回奔波，卻很難找到自己的位置，因為時間就是金錢。

本書是萌生在我們這個時代的勞動現實報告，彰顯了特殊勞動者受到的特殊差別待遇。希望勞動者能夠生活在受到尊重、健康和幸福的社會。在此向訂購外送的人、以外送工作維生的人，以及把外送當作兼職的人推薦本書。

——鄭惠允（CBS電臺製作人，作家。著有《閱讀改變人生的書》）

序　為平臺勞動者而寫的報導

推薦文

第1章　貨運全盛時代的一天——酷澎

我的第一個平臺勞動：酷澎揀貨員／003
PDA登入，登出／013
沒有人的工廠／021
人們如何使用酷澎／025
最低薪資一萬元的真相／031
對誰是珍饈，對誰是狗食？／039
新冠疫情衝擊下的酷澎／045
沒有掛繩的口罩／051
可靠的「酷澎Man」／057

喧賓奪主的酷澎 Flex／063
市場、超市、量販店消失／069
給螞蟻們的悲歌／075

◀第2章　外送ON，外送OFF——外送民族

想工作時工作，想賺多少就賺多少／085
在緊張中結束的第一次外送／089
看得出是菜鳥嗎？／097
誰會成為我的顧客？／103
一般人如何運用外送民族／109
為三千元賭上性命／117
每月四五〇萬元的假象／123
不能安全配送嗎？／131

幾乎什麼都可以送／137
外送機器人不會寫留言簿／145
比想像中還會思考的AI／153
外民不是謀生手段／161
外民預備軍，退休人員的進退兩難／169
捨正職而選代送公司的理由／173
從一碗烏龍麵學到的路上之道／177
好吧，我們是什麼民族？／185

▶ 第3章　送你去想去的地方——Kakao代理駕駛

挑戰Kakao代理駕駛／191
已經啟動了／195
人們如何運用代理駕駛／199

滿是紅點點 / 205
好不容易才達到最低薪資 / 209
抓到爛單也傷心 / 213
咬住技術和低價競爭的尾巴 / 217
Kakao 的成功與極限 / 221
沒人會教的代駕司機六大祕訣 / 225
為什麼代駕可以，但TADA不行？ / 229
優步和代駕，勞動和事業之間 / 233

◀ 第4章　平臺勞動的光與影

「WLB」還是「斜槓」，同根源的不同面貌 / 243
老師的教誨，一億種子基金 / 251
消逝的職業 / 259

機器人法官的時代也會到來嗎？ / 265
財富兩極化，人力資本也兩極化 / 269
無所屬者的悲哀 / 277
公司就代表身分 / 281
新型態的連結可行嗎？ / 293
問問國家該做什麼 / 297
湯匙階級論和現代版佃農們 / 303
社會的AI也要變聰明 / 311
人為了人做的事 / 315
後記 / 319
參考資料 / 324

第1章 貨運全盛時代的一天

酷澎

我的第一個平臺勞動：酷澎揀貨員

開始到酷澎物流中心擔任日薪制員工是在二〇二〇年二月初，當時與住在附近的好友喝酒時，常會聊到關於貨運物流的話題，有一天他提議：「要不要去酷澎做看看？」聽說只要週末二天，一天工作八小時，一個月就可以有七、八〇萬元收入。有點吸引人。

酷澎物流中心離我家直線距離只有四公里左右。經過那棟建築物很多次，我看著它從無到有的建造過程。那是棟二十層樓高，給人沉重感的水泥建築，一眼就會注意到。誇張一點來說，即使爆發戰爭，核彈落下讓城市消失，那棟水泥建築應該也會屹立不搖。興建之初，附近居民掛出反對的布條抗議，因為蓋了物流中心，就會有許多大貨車進進出出，除了出入複雜還會造成危險，以附近居民的立場來看，並不歡迎這種設施，然而那裡卻出現了「職缺」。

「這到底是要蓋什麼啊？」居民心裡一邊想著一邊帶著些許期待，最後完工的笨重大樓原來是物流中心。一部分居民表示反對，因為不希望社區裡有大貨車進進出出。但隨著那個像恐龍一樣巨大的建築物完工，酷澎物流中心進駐，這個在某些人眼中的「嫌惡設施」，卻為因新冠疫情陷入困境的某些人帶來「職缺」。

我依照酷澎招募網站上的指引去應徵。有個名為「酷澎人」的日薪制員工勤務管理APP，只要先下載在自己的智慧型手機上，然後再向招募管理者發送一封訊息即可，程序非常簡單。

「金夏永／一九七六〇七＊＊／二月＊日／〇〇／看過招募網站後應徵」

只要寫姓名、出生年月日、希望開始上班日、欲搭乘的接駁車路線、應徵管道、酷澎現有職缺的相關經驗即可。我上午八點填好資料、發出訊息等待結果，卻一直等到下午三點多才接到回覆。

「很抱歉，明日白天組的所有人力需求都已經招募結束了。」

第二天，我只更改了日期，再度於早上八點發送應徵訊息。那天下午還是收到「招募已滿」的回覆。隔天我又發送應徵訊息，結果連續三天落榜！到底為什麼會一直落榜？他們究竟用什麼基準來選拔？這些我無法得知。我甚至懷疑會不會是名字的問題。因為在物流中心工作要搬運貨物，需要體力，照理來說會優先錄用男性，會不會只看到我的名字以為是女性就先淘汰了。

我的名字是爺爺取的，除了姓氏「金」以及依輩分命名的「永」字不能改之外，能決定的只有中間一個字。我名字中間的字是夏天的「夏」，原意是希望我像夏天一樣擁有萬物興盛的旺盛英氣。但這個名字讓我從小就被嘲笑，常被誤認為是女生（名字裡有個「永」字，怎麼取多少都感覺像是女性的名字）。大學一年級時陷入為賦新詞強說愁的浪漫（？）中，就像其他大學生一樣，多少都會因為曠課過多而接到警告。放假時學校老師打電話來：

「金夏永同學？」

「是～」

「啊，是男生啊。」

當了記者之後，類似事件也層出不窮。我在跑社會線時，只要寫出軍隊內有不正之風的報導，一些沒禮貌的讀者只看名字就隨意認定是女記者寫的，會透過留言或電子郵件抗議說：「妳又沒當過兵，所以不知道……」還有人會直接打電話來，但一聽到我用低沉又粗獷的嗓音說：「你好，我是金夏永。」就會在電話另一頭不知所措，沒辦法好好說話，最後匆匆忙忙掛上電話。一個後輩記者曾開玩笑說：「在報導者姓名旁邊放一張大頭照好了。」所以我猜想，該不會是因為名字的關係，應徵酷澎才會一直落榜吧。偶然跟妻子提起這事，她哈哈大笑說：「下次報名時，把照片也一起傳過去吧。」

這反而激起我的好勝心，一次不行就試第二次、第三次，第四次報名時，終於接到「您錄取了，請務必遵守出勤規定！」的回覆。喔～耶！

在此鄭重說明，物流中心其實並未優先錄用男性。以我工作的酷澎物流中心來說，女性反而比較多。剛進去時，不少年紀比我大的女性比我還會搬貨，工作表現都很好。這份工作的重點不在於力氣大，而是要懂得要領。

真的要上班了，我心裡反而忐忑不安。不管做什麼，第一次總是半興奮、半恐懼。

我應徵的是日班（上午八點～下午五點）。我凌晨五點就起床，匆匆忙忙準備上班。酷澎物流中心有接駁車。以我工作的高陽物流中心來說①，接駁車路線不僅分布在高陽地區，還遍及首爾特別市的蘆原、陽川、恩平，仁川市的富

---

① 編註：高陽位於京畿道，京畿道是韓國人口最多的行政區，環抱首爾特別市與仁川市。

平，京畿道的富川、坡州、金浦等行政區，範圍相當廣泛。我住的地方離物流中心其實並不遠，坐公車大概是三站的距離，但我仍決定坐接駁車。員工要坐接駁車，也是必須先在手機上安裝接駁車APP才能申請，上車時必須確認申請成功才能搭乘。

到了物流中心之後，每個工作都有負責管理的職員，他們會先確認我們在「酷澎人」APP裡的日薪制勞務合約上簽過名，然後就正式上班。勞務合約只要簽好名，就會自動儲存在個人手機的相簿中。換句話說，如果沒有智慧型手機，就不能到酷澎物流中心工作。

我負責的工作叫做OB。酷澎物流中心的日薪制工作大概可以分為IB、OB、HUB三種。IB是「入庫」，即商品進入物流中心後要分門別類放好。OB是「出貨」，又分為兩種，一種是接到商品訂單後，找到正確的商品裝進推車內，然後送到包裝臺的「揀貨」（picker），另一種是包裝好之後，貼上出貨單放到傳送帶的「理貨」（packer）。HUB是集成配送，通常是將大型貨車載來的商品卸下，或把要配送的商品分類後裝入貨車。

IB與OB的時薪，以二〇二〇年為基準是八五九〇元，也就是最低基本時薪；HUB比較辛苦，時薪稍微高一點，為九〇七〇元。聽說HUB因為要不停上下貨，招致「平均每兩人會有一人逃走」、「工作一週要躺著休息一個月」的惡名，所以我應徵了OB。

• • • •

酷澎的系統與一般人熟知的 Gmarket、Naver 購物、11 street 等購物網站不一樣。一般的網路購物中心，平臺業者只提供訂購、結算系統。消費者在網站上選購了商品並結算後，配送就由供貨的賣家直接寄送。然而酷澎則是直接購入各種商品，堆放在自己的物流中心，接到訂單後立即由「酷澎 Man」（或許是因為「Man」有強調性別差異的意味，在二〇二〇年八月改為「酷澎友」，同時在招募配送人員的徵才廣告上也出現了女性模特兒）進行「火箭配送」。酷澎從購買商品到訂購、結算、配送等所有過程都一手包辦，因此可以將商品快速配送到消費者手中，這是酷澎最大的優點。美國的亞馬遜（Amazon）就是用這種方式掌控美國的交易市場。亞馬遜稱這種系統為「物流」（fulfillment），酷澎就是直接引用亞馬遜的物流系統。

第一天上班，七點四十分一到，原本聚在休息室的人們紛紛前往作業區。像我一樣第一天出勤的共有五個人，我們先集合在一起進行新人教育，內容是有關作業安全。負責指導的年輕職員一邊展示實際事例照片，一邊說明安全事故類型。由於各種沉重的貨物會不停地（在作業空間裡）來回移動，大部分的事故都是被推車或堆高車撞傷，或是高處物品沒放好傾倒而被壓傷。安全教育大約三十分鐘，結束後就前往作業現場。

到了現場，又有另一名年輕職員（在我工作的物流中心管理現場的職員，絕大多數都很年輕）教導我們OB業務內容，特別是揀貨。進入現場作業，會先拿到一臺用厚厚的塑膠外殼包覆的PDA。

PDA的大小雖然可以一手掌握，但仍比一般智慧型手機大且厚。那臺PDA具備掃描條碼的功能，只要按下旁邊的按鈕，就會發出「嗶」一聲掃描條碼。PDA畫面會顯示應該揀取的商品，我必須找到商品擺放的位置先掃一次條碼，然後再取出商品放在推車裡，送到包裝臺上。換句話說，PDA顯示什麼我就要去做什麼，是非常單純的工作。業務教育也是三十分鐘就結束。在結束前，負責教育的職員補充了一句話：

「在畫面下方會看到標示了數字UPH（unit per hour），這是各位每小時的揀貨量，一般人平均大概到九十左右，動作快的人可以到一四〇。如果低於九十，下次申請工作時可能會受到影響，這點請大家多注意。」

最後職員遞給我們一人一雙白色棉手套，右手食指末端已先剪掉一節，這是為了方便觸控PDA。我一手握著PDA，一手拉著大賣場推車般的推車，邁向廣闊的商品海洋中。

PDA登入，登出

按下PDA的「自動配置」按鈕，我應該揀取的商品目錄就嘩啦啦地顯示出來。通常一次要拿二十~三十種商品。商品堆放在長一米二、寬一米的棧板上，堆得滿滿地，幾乎等於一個成人高。目錄上都有每個商品的位置編號。

舉例來說，如果在PDA上顯示「兩個A-131『真拉麵』」，我就要拉著推車找到A-131棧板，先掃描位置條碼，然後拿取「真拉麵」，再掃描包裝上的商品條碼，最後將拉麵放進推車即可。兩包都放進去後，再前往PDA顯示的下個商品位置。A-135、A-147……就像在完成某種遊戲任務一樣。解決兩包「真拉麵」後，接著是三包捲筒衛生紙，然後是三箱「Let's Be」罐裝咖啡，以這種方式逐一完成。當我準確執行任務時，PDA會發出「嗶」、「嗶」的輕快聲音；如果掃描到錯誤的位置條碼或商品條碼，PDA就會發出「嘀」、「嘀」鈍重的聲音。當目錄上的商品全都揀齊了，PDA就會指示將商品送到包裝臺去，一次揀貨任務就結束了。

完成一次揀貨，PDA會重新自動配置，於是我再開始尋找下一批物品。隱藏在PDA另一端中央伺服器的是AI人工智慧（artificial intelligence），AI會制定出最佳的移動路線，我不必事先知道什麼商品在哪裡。物流中心一個區域大概就有足球場那麼大，只要大略掌握A、B、C區域的方位，再按照PDA的指示行動即可，幾乎不需要特別思考。

只是目前AI還不是很完美，所以有時我還是會「思考」後再行動。偶爾會出現類似「真拉麵三十箱」的訂單。像泡麵那樣有一定體積的商品，十五箱左右就能裝滿一臺推車，因此在揀貨前，我會先將其他商品送到包裝臺，再回去拿泡麵。另外，像礦泉水等液體類商品很重，如果推車裝得太多，不僅很難搬運，推車也容易損壞。

管理人員似乎經常遇到推車報修的狀況，所以特別叮囑我們：「如果太重就分批裝。」AI也不會教你物品堆放的要領。酷澎銷售的商品種類繁多，二公升礦泉水六瓶裝、十公斤米一袋、裝換洗衣物的藤籃、寶礦力水得二十四瓶裝一箱、六個廚房紙巾、桶裝醬油或清潔劑等商品的形狀和重量、體積各不相同。用四四方方的箱子包裝的商品只要調整好角度，堆疊起來基本上不太會有問題，但如果加上大米袋或狗飼料等包裝形態不規則的商品，就需要一些特殊的俄羅斯方塊堆疊技巧。

一般情況會將較重的商品放在下面，輕巧的商品疊在上面，這樣疊出來的俄羅斯方塊才穩定，但AI似乎只會制定移動路線，並無法將商品重量、裝載順序等考慮進去。有時必須先把之前揀取的商品拿出來，重新調整堆疊順序才能繼續揀貨。

問題是，如果這樣「思考」的時間太長，就會影響UPH，也就是每小時揀貨量會變少。若都是四方形的箱子，快速揀取、堆疊、搬運，每小時一四〇個並不難，但若遇到考驗俄羅斯方塊能力的情況，UPH會一下子掉下來，有時甚至會掉到七十以下。

• • • •

開始工作之後，就產生了野心。剛開始上班時是二月，穿著厚重的衣服，我在前往作業區前問了管理者：

「請問裡面有暖氣嗎？需要穿羽絨外套去嗎？」

「裡面並沒有特別供應暖氣，羽絨外套可以先放在儲物櫃裡。」

在二月的寒冷天氣裡一整天來回奔波，朝著UPH一四〇的目標前進，連內衣都被汗水浸溼了。因為流很多汗，根本就不需要上洗手間。有一天，當我忙碌地在商品森林裡來回奔波翻找、揀取商品時，在狹窄的通道上碰到一名女士，她看起來大概五十多歲，從她在推車裡堆俄羅斯方塊的技巧來看，似乎很有經驗，她告訴我：

「首先把商品箱子圍在推車內周圍，就像築牆一樣，把中央位置空出來，那麼像米袋、寵物飼料之類不規則包裝的東西，就可以放在裡面，這樣就能把推車裝好裝滿一次揀齊。不要那麼死腦筋，跑那麼多趟又不會多給你錢，只是白白傷了自己的身體。」

只顧看著PDA埋頭瘋狂揀貨的我，好像被狠狠打了一拳似的。是啊，做得再多，薪水也不會多給啊。認清現實的那一瞬間，因身體一直緊繃而積聚的疲勞，如排山倒海般襲來。如果放鬆了身體，工作好像反而更順利。

• • • •

隨著時間過去，不知不覺接近五點下班時間，當我裝滿一整個推車到達包裝臺時，PDA上顯示的時間是四點四十八分。再一次接受自動配置揀貨搬運大概需要十五～二十分鐘左右，我覺得應該沒有時間再跑一趟，所以想先收工了，但在一旁的管理者看到之後對我說：

「四點五十二分之前還是必須持續揀貨，沒有揀齊也沒關係，所以請你還是繼續工作，到四點五十一分再解除分配，四點五十二分到這裡集合。」

如果PDA不繼續分配，系統就會認為這個OB沒有在工作。於是我拉著推車再度進入貨品森林，在拿了四件商品後，聽到管理者喊：「集合！」當我回到包裝臺時，正好四點五十二分。在PDA上登出、返還，然後下班。

回到休息室，在自己的手機APP上確認為下班狀態，再搭乘接駁車回家。一整天因為大量使用了平時不怎麼會用到的肌肉而渾身痠痛，但在結束了一天的工作後感到一種安適，心情也變得很舒暢。因為從PDA「登出」的同時，也從工作中完全登出。以前當記者，就算下班了，腦中卻仍縈繞著工作⋯⋯現在有種一下班大腦就重新設定的奇妙感覺，還可以與妻子一起到社區內的超市購物。一整天在推車裡堆東西，現在手裡又推著超市的推車；早上車裡裝的是別人的東西，現在則是我要的東西。這又是另一種奇妙的感覺。

不過在工作過程中，我一直在想，「這種工作很快就不需要那麼多人來做了。」「思考」已經可以由AI完成，人等於只是AI的四肢。當然，機器人也有四肢，只是機器人的四肢比人類的手腳貴很多。

箱子之林

酷澎物流中心

沒有人的工廠

二〇一八年四月，亞馬遜的創辦人兼CEO傑夫．貝佐斯（Jeff Bezos）前往德國柏林，領取由德國媒體集團「斯普林格」公司（Axel Springer）所頒發的企業創新獎，但諷刺的是，同一時間歐洲地區的亞馬遜員工聚在一起，抗議亞馬遜非法監控員工、工作環境惡劣。酷澎引進亞馬遜的作業模式，而亞馬遜也透過系統監控員工的工作狀況與效率。

沒有工作五十分鐘、休息十分鐘這類的規定，一整天必須按照系統的要求完成業務。UPH不佳的兼職人員，下一次就不會錄用了。因此員工連去洗手間的時間都沒有，用保特瓶解決內急並非罕事。但即使如此，並不代表可以得到較高的薪資。對於員工的抗議，貝佐斯這麼回覆：

「我對亞馬遜提供的工作環境和薪資水準感到非常滿意，我認為公司與勞工之間不需要工會存在。」[1]

此話一出，各方譴責紛至沓來。隨著亞馬遜的市場占有率持續上升，社會關注越來越集中，貝佐斯多少也得顧及社會觀感提高薪資。當年十月，亞馬遜的時薪調升到每小時一五美元②，當時的基本時薪是一一～一三・五美元（美國最低時薪每週均有些微差距）。

然而，貝佐斯花最多經費的地方是在「機器人」上。二〇一二年以七億七千五百萬美元收購了機器人公司「KIVA」，也就是現在的「亞馬遜機器人」公司（Amazon Robotics），進行物流完全自動化開發[2]。雖然目前尚未實現完全自動化的目標，但仍持續不斷發展中。在酷澎，是由人將商品揀取後放入推車中；在亞馬遜，機器人會把整塊棧板抬起來，放在工作臺上。人不需移動，只要從機器人搬來的棧板上，拿出訂單中的商品進行分類即可。

技術已經邁入更高的階段。韓國知名購物網站SSG.com內部，有個名為「NE.O」的物流中心，自動化水準相當高。不像酷澎需要靠人去找商品，而是交由機器自動化揀取，再透過輸送帶送到工作人員面前。

酷澎在富川的物流中心，作業員大概有一千～一千五百名左右，而SSG

的NE.O物流中心作業員共計二五〇~三百名，只有酷澎的四分之一。不過，完全自動化系統的普及緩慢，主要是因為機器比人工更貴。要想具備完全自動化的系統，必須親自建設物流中心，並配備全套設備。建造一間NE.O自動化物流中心要花費一千五百億元[3]，SSG公司目前也只蓋了三間而已。

目前人還有比機器更強的地方。要達到自動化，必須實現商品包裝的標準化。如果所有商品都是紙箱形態，那麼箱體大小和重量標準化，就可以達到完全自動化，然而我們購買的商品形狀和包裝往往有各種樣式、天差地別。在應對各種形態的商品時，還是人的處理比較出色。因此，使用機器的NE.O能處理的商品種類有五萬五千種左右，由人工處理的酷澎可以超過六百萬種（在酷澎物流中心工作，就知道什麼都有賣）。

但是，科技最終還是會把人類趕出物流中心。繼阿里巴巴（Alibaba）③之

---

② 編註：當時一美元約等於新臺幣二九・三三元。目前（二〇二二年八月）一美元約等於新臺幣二九・九元。

③ 編註：阿里巴巴是中國一家以提供網際網路服務為主的綜合企業集團。

後，中國最大的購物網站「京東商城」，從他們物流中心的影片可以看到，裡面一個人也沒有[4]。不知道是不是為了強調「最尖端」科技，所以故意不讓人入鏡，連折箱子都由機器人來操作，直到影片尾聲才有人出現，配送商品的貨車司機是這影片中唯一登場的人類（當然如果日後無人駕駛的貨車出現，他們也會消失）。機器人無需乘坐接駁車通勤，無需在廠區內的員工餐廳吃午餐。而且就算夜間加班，也不用多付一．五倍的時薪，更不用給週休津貼和年假，因為根本連薪水都不用付，最重要的是機器人在任何情況下都不會抱怨，這樣有哪家公司會拒絕用機器人呢？

之前曾看過一個電視廣告，看完不由自主感到一陣寒意。廣告內容是一家人造訪了某間礦泉水工廠，媽媽對好奇參觀工廠的孩子說：

「哇！這麼大的工廠裡居然一個人都沒有呢。」[5]

人們如何使用酷澎

酷澎的物流中心雖然比SSG的NE.O多了四倍的人在裡頭勞動，但人與人之間面對面或對話的機會並不多。第一天上班報到後與招聘負責人見面，進入廠區，接受當天的工作安排。工作分配好後，管理者會帶我們一起做體操，並交代注意事項，接下來一整天的交流對象就只有PDA了。

如此一來，很自然地就只能把注意力放在「商品」上。不管這天是什麼日子，總會有個特別暢銷的商品，例如這天唯獨「真拉麵」的箱子就有數百個；或是玉米鬚茶被訂購數百盒。裝滿一整個推車送到包裝臺，包裝員會說：「看來今天真拉麵特價。」「今天玉米鬚茶大概有做活動吧。」或是看到某些生活用品都賣光了，就會知道「原來最近大家都買這些東西用啊」。算是工作的一點小樂趣吧。

有一回，無酒精啤酒訂單蜂擁而至。對於物流人員來說，液體類絕對是能避就避的商品，因為很重。二公升礦泉水六瓶一捆就是十二公斤，五百毫升的飲料一箱二十四罐也是十二公斤。因為平常練過深蹲，所以學到正確抬重物的方法，雖然可以避免腰部負重太大而受傷，但還是會累的。所以看到這麼多無酒精啤酒的訂單，心都涼了一半。同時，對於自豪為「酒徒」的我來說，根本無法理解誰會喝那種難喝的啤酒。

問題在那天下午得到解答。就在我嫌棄無酒精啤酒根本不是啤酒時，妻子說道：「對於孕婦和哺乳中的媽媽來說，無酒精啤酒是必需品。」仔細想想，尿布等育兒用品的訂單好像也很多，還曾聽過「酷澎購物的入門途徑是生育和育兒」這樣的說法。

在酷澎購物中，當然也有銷售電子產品等高價品，但這類高價品大部分都是由賣家直接銷售，酷澎只是從中收取一點手續費而已。酷澎直接買斷後，搭配迅速到貨的火箭配送來銷售的品項，大部分還是以生活用品為主。泡麵、礦泉水、飲料、衛生紙等，因為是與生活息息相關又極為熟悉的用品，所以幾乎沒有必要親自去超市或實體店鋪挑選觸摸就可以買。只要價格便宜，能免費、迅速配送，大家都很願意在酷澎買。

● ● ● ●

有時看到一些自己從未買過、用過的商品，會感到很新奇。有一次PDA上顯示「B-178女寶寶用紙尿布五十片」，我拉著推車去了B-178區，卻怎麼也找不到女童用紙尿布。我有點慌張，仔細查看堆在B-178架上的商品，發現原來是小狗用的尿布。我第一次知道狗尿布也有分雄性和雌性，因為形狀略有不同。但為什麼品名不是標記「雄性」、「雌性」，而是「女寶寶」？這也才讓我發現寵物用品真的很多，而狗用尿布、尿墊、貓玩具、貓抓板等用品都很輕。但是貓砂通常體積大、又很重，比起搬水有過之而無不及。

整天與小狗尿布、尿墊、貓砂等寵物用品打交道，偶然想到自己以每小時八五九〇元的代價努力為狗貓工作，心裡就有點不是滋味。

● ● ● ●

雖然一整天都和商品相處，但還是有機會和人對話，通常主要是有新手加入時會問問題。雖然第一天上班都會進行安全教育、介紹工作須知，但對於生平第一次嘗試的人來說，那些教育內容其實很薄弱（至少對我來說是如此），所以在工作中若遇到不懂的地方，都會找看起來像「前輩」的人請教。有一次，一名年輕男子來問我手動拖板車的使用方法。

「拉著這個拉桿，再往下推、推、推，推個三、四次就可以抬起來了。」起了個話頭，兩人便聊下去了。

「做這個工作感覺怎麼樣？」

「比之前聽說的還要累。」

「你怎麼會來這裡工作？」（酷澎物流和外送民族一樣，都沒有大做廣告）

「是有朋友先來做，才介紹我來的。原本想應徵HUB，聽說日薪比較高，但是因為沒有缺，所以就來應徵OB，確定錄取就來上班了」

「唉，我也不知道是不是以前沒類似經驗，做了之後真是累得快死了。你還會再來嗎？」

「嗯，應該會吧。」

「做過其他工作嗎？」

「我做過很多兼職工作。在來這裡之前，在便利商店打工。」

「便利商店的工作如何？」

「比較自由也不會這麼累，主要還是站在櫃臺幫顧客結帳，如果貨架上的東西沒了就補貨，還有打掃、清理垃圾筒。」

「那怎麼不繼續在便利商店工作，為什麼要來這裡呢？」

「便利商店工作雖然簡單輕鬆，但還是有點麻煩。值夜班時常會遇到不少喝醉酒的人；當班時要上洗手間還要看人臉色，去久一點回來就會被罵；打掃清潔常被挑東挑西的；如果接班的人來晚了或根本就蹺班不來，常被留下來變相加班。後來我因為週休津貼問題和店長吵架，本想向勞動部檢舉的，但結果還是自己辭職走人。聽朋友說在酷澎工作沒有壓力，雖然身體很累，但心裡比較輕鬆。」

「是啊，一整天就只要工作，跟人講不到三句話。呵呵。」

•••

酷澎的工作，在符合最低薪資標準的工作中算是比較好的。有接駁車坐、供應午餐，就像那個年輕人說的，雖然有管理者監督，但並不嘮叨（只有快下班前會四處督促盡快處理貨物）。最重要的是，能確保薪資和四大保險④。就算是日薪制兼職人員也會每天簽訂勞務合約，每週工作十五小時以上的話，會另外支付週休津貼；每月工作六十小時以上，就能加入四大保險並補助保險費。雖然這些都是資方理所當然應遵守的規範，但在韓國社會中能夠全都做到還是很難得。

最低薪資一萬元的真相

在酷澎工作一天的日薪是六萬八一七〇元（以二〇二〇年為基準），時薪八五九〇元，乘以八小時，再扣除〇・八%的保險費（五五〇元）。韓國「最低薪資委員會」在每年六、七月會決定下一年度的最低薪資。老實說，在我成為領取最低薪資的勞動者之前，對最低薪資委員會並不感興趣，因為我一直覺得那是「別人的事」，直到二〇二〇年，成為「我的事」。

以二〇二〇年為基準，全國最低薪資勞動者人數預測值為四〇八萬名，在全體勞動者中占了約二〇%，而且持續增加中。根據二〇一八年韓國「勞動研究院」的調查，當時最低薪資勞動者為二四二萬人[6]。兩年來增加了一六六萬人，而我就是其中之一。

---

④譯註：指國民年金、健保、僱傭保險、職災保險。

企業在公布銷售額和營業利潤時，如果高於市場預期，通常會被視為「驚喜」，如果低於預期，就成為「衝擊」。二〇二〇年七月發表的最低薪資，對四〇八萬名最低薪資勞工而言，是驚喜？還是衝擊？

受新冠疫情影響，一般預測二〇二〇年最低薪資的上調幅度不會太大。最低薪資委員會是由勞方代表九人、資方代表九人，以及政府方公益委員九人，共二十七人組成。協商如同以往，無條件先喊高。二〇二〇年勞方代表要求提高一〇%以上的薪資，而資方代表則主張削減。

在新冠疫情發生之前，最低薪資爭議就已經很激烈了。因為前總統朴槿惠遭彈劾，在二〇一七年五月突然舉行「玫瑰大選」⑤。當時出馬參選的總統候選人都不約而同提出了「最低薪資一萬元」的政見，最後當選的文在寅總統也承諾「二〇二〇年之前最低薪資一萬元」。

雖說是大選中經常出現的民粹主義，但消除經濟兩極化確實是時代關注的焦點。再加上無論什麼都追隨美國流行的韓國，眼見美國上調最低薪資，多少也受到影響（事實上亞馬遜會上調薪資也是因為西雅圖、紐約等主要城市的州政府將最低薪資上調到一五美元)。

最後,二〇一七年最低薪資委員會決定上調一六.四%,是歷年少見的漲幅,但令人意外的是,理應反對的資方代表並未有太大的反彈,據說當時最低薪資委員會委員長還擔心地反問沒什麼異議的資方代表:「你們知道這代表什麼意思嗎?」

總之,最低薪資從六四七〇元調升到七五三〇元,調幅超過一千元,但各界仍爆發不滿。二〇一八年最低薪資委員會決議上調一〇.九%,最低薪資達八三五〇元。但想達成「二〇二〇年一萬元」的承諾,還有很長的路要走。

在最低薪資爭議中,反彈最大者主要是僱用「兼職人員」的自營業者,結果二〇一九年最低薪資委員會決議的調整率大幅下修至二.九%。執政黨修改了《最低薪資法》,將餐費等各種現金福利費用也併入薪資中,實質性實現了最低薪資下調的效果。也就是說,酷澎可以扣除接駁車和午餐的費用後再支付

⑤ 譯註:因總統選舉在玫瑰盛開的五月舉行,所以被稱為「玫瑰大選」。

薪水，這樣一點也不違法。「最低薪資一萬元」的政見成了空頭支票。

• • • •

那麼二〇一七年最低薪資上調一六．四％真的是歷史最高嗎？韓國從一九八八年盧泰愚當政開始實行最低薪資制度後，每年都上調一〇％以上。一九八九年足足上調了二〇％左右，一九九一年也上調了一八．八％。到了金泳三政府時期則維持在個位數，介於六～九．八％的上漲率。而在金大中、盧武鉉政府時期的十年間，曾五次創下兩位數的漲幅。調幅最低的時期分別是ＩＭＦ外匯危機時的一九八八年，以及全球金融危機時的二〇〇九年，都只有二％。因此二〇一九年上調二．九％的決定，等於是與前二次國家面臨金融危機時不相上下。而二〇二〇年最低薪資調幅定為一．五％，創下歷史新低，雖說是因為新冠疫情的影響，但若將各種物價上漲率一起考慮進去，有人指出這根本是「負數」。

一九八九年的最低時薪是六百元，與二〇二〇年的八五九〇元相比，上漲了十四倍。在這段期間，三星電子的股價從一萬七千元上漲到二七〇萬元（以股票分割前的股價為準），上漲了一六〇倍。原本以五千萬元出售的盆唐區⑥大樓，售價上升到一〇億元，上漲了二十倍。當然，並不是所有的股價和大樓房價都漲，但勞工的報酬持續下降卻是現實。

因提高最低薪資，小規模自營業者遭受的痛苦是可以充分理解的。因為多數邊緣營業場所的銷售額和營業利潤並未像最低時薪一樣提高。隨著「一人家庭增加」的趨勢，便利商店洋溢著美好的前景。韓國的 GS25、CU、7-11 等三大便利商店如雨後春筍隨處可見，連以大型超市起家的「易買得」（E-mart）也加入，開設了二十四小時便利商店。便利商店已經超出了飽和狀態。

這都是因為「一人家庭最喜歡便利商店」的草率判斷。隨著物流的發達和配送網的密集，網購不僅威脅大型超市，還影響了社區便利商店。不買便利商店賣的便當，人們改買生鮮雜貨網路商店「Market Kurly」⑦上的輕便食品，晚

⑥ 編註：位於京畿道城南市的一個區，是首爾首都圈內的新城鎮。
⑦ 編註：Market Kurly 的市占率僅次於酷澎，是韓國第二大電商。

上訂購，凌晨就配送到家門口。而一般的生活用品，在酷澎裡也應有盡有，根本不必出門。有人就挖苦說，便利商店只剩下無法網購的香菸和酒而已。

便利商店也開始有了「按季節做生意」的取向。在酷熱的盛夏，冷飲的銷售額會上升，到了寒冷的冬天，就會大幅下降。再加上席捲餐廳外賣市場的外送民族創建了「B超市」，開始「便利商店配送」，讓 GS25 也跟進開始配送。

普通餐廳、啤酒屋、炸雞等代表性的自營業也是如此。不過在二十年前，炸雞連鎖店由三～五間公司壟斷，但現在卻有三十～五十家公司展開激烈競爭。

餐廳和啤酒屋的前景也不樂觀。公司聚餐逐漸被視為「老頭子」的文化，正在式微，而徹夜飲酒也被當作舊時代的遺物。現在由於減重、健康的風潮，只吃七分飽或吃雞胸肉和沙拉的人正在增加。而即使只是吃一頓飯也要用手機搜尋「美食名店」，生意好的店大排長龍，但生意不好的店只能揮舞電蠅拍。對於想哭的全國自營業者來說，提高最低薪資更成了決定性的「一記耳光」。

• • • •

不過，想哭的不只是自營業者。便利商店老闆們聚在一起示威，但有沒有見過領取最低工資的四〇八萬名勞工聚在一起示威，要求「遵守最低薪資一萬元」的公約？你見過便利商店工讀生聚在一起要求「保障交通費和餐費」嗎？⑧如果我在酷澎覺得工作太累了，主張「應該拿到一萬元時薪」，能被接受嗎？對於每天都簽新約的我來說，酷澎只要發一封簡訊通知：「抱歉，招募已滿。」就結束了。我就不會在酷澎出現了。

如果我在酷澎以約聘員工的身分就業，成立工會，召集同事進行罷工，與資方進行協商的話會怎樣呢？但實際上在少有對話機會的工作場所，同事間很難形成共同體意識。加上在酷澎的勞動者中，也許有人認為「這份工作是維持我和家人生計的終身職」，不會冒著不必要的辛苦和風險為薪資上調而鬥爭。

他們只是看著每年夏天最低薪資委員會做出的決定。對於絕大部分不可能進行「薪資協商」的最低薪資工作者來說，最低薪資委員會就是代替自己進行薪資協商的「談判桌」。

---

⑧ 原註：「兼職工會」曾一度以大型連鎖企業為對象，進行改善勞動條件的示威等團體行動，但協商對象僅限於部分大型企業。

對誰是珍饈，對誰是狗食？

在酷澎工作能享受在大企業裡的幾個小小「福利」。首先是自動販賣機，酷澎內部的自動販賣機所販售的飲料都只賣三百元，可樂三百元、維他命C飲料三百元、TEJAVA奶茶也只要三百元。這點福利還算不錯。另外，雖然日薪工並未符合條件，但遇到節日還是會給一〇萬元的「酷澎Money」購物金。

供餐也是優點之一，日班供應午餐，夜班供應晚餐。第一天急忙上班，早上只用一片吐司果腹。一上工不停奔走、搬運沉重的貨品，十點肚子就開始叫了。一到十二點午休時間，我立刻像閃電一樣奔向餐廳。

每個上班族都有一個永遠無法解決的課題，就是「今天中午吃什麼？」從這個角度來看，在設有員工餐廳的大企業就不用煩惱午餐菜單，有相對優質且便宜的餐點。就像學生會比較學校的營養午餐，上班族也會評論員工餐廳的餐點。我個人認為，如果滿分是一百分，酷澎的員工餐廳可以給七十分。在高度消耗體力的勞動折磨後，不管吃什麼都是佳餚。

現在很多減肥的人對碳水化合物敬而遠之，一般飲食店廣泛使用的不鏽鋼碗大概可裝一個拳頭大的飯量，那是一九七〇年代開始出現的「標準飯碗」。當時因為糧食不足，所以政府規定了一餐的飯量。在此之前，飯碗裡堆得像座小山一樣的「高峰飯」才是餐桌上的終極美德。在沒什麼配菜的年代，飯能吃就多吃。隨著經濟好轉，加上有各種豐富肉類食品，米飯的消費量逐漸減少，現在很多人只吃半碗飯。但是在酷澎工作之後，我會不知不覺往不鏽鋼碗裡再裝兩勺、三勺、四勺。雖然腦子裡喊著「夠了！」但手卻不聽使喚。

在酷澎的午餐時間是最美好的時光，一個早上連續四個小時，沒有一秒可以坐下，不停跑來跑去進行「全身勞動」，所以能讓屁股貼著椅子的午餐時間非常珍貴（吃完若有時間還能靠在休息室的椅子上瞇一下）。不僅可以填飽肚子，還可以與分別了四小時的手機重逢。進入酷澎的作業區內，個人手機、手錶、錢包等物品一律禁止攜帶。過去在現代汽車（Hyundai）工廠⑨，曾為了上班時間「是否應該中斷 WIFI」而引起爭議，但在酷澎根本連帶都不能帶。公司的理由是基於保安，但實際上應該是要員工心無旁騖地努力工作吧。

現代人的智慧型手機幾乎二十四小時不離身，所以剛到酷澎工作要與手機分離四小時，實在很不習慣。以前因為工作的關係認識一個朋友，住在慶尚北道[10]山上的英陽村，每次有工作的事要聯絡時總是聯絡不上，連傳簡訊過去也是隔了很久才會回覆，我常想：「現在就算是山裡，手機訊號也不差啊……」直到晚上才通上電話，我忍不住問：「為什麼要找你那麼困難？」朋友不好意思地說：「因為是農閒期，所以去礦場工作，沒辦法接電話。」

在酷澎工作的第一天，一到午餐時間就先衝去餐廳，把咕嚕咕嚕叫的肚皮鬧鐘關掉後，再急忙奔向休息室打開儲物櫃拿出手機，一開機光是Kakao Talk的訊息就有十二個、未接來電三通、需要確認的新郵件有兩封。讓我突然想到

---

⑨ 編註：韓國最大的汽車廠商，在韓國東南沿海的蔚山市擁有全球最大的製造廠。母公司是現代汽車集團。

⑩ 編註：慶尚北道是位於韓國東南部的行政區，首府是安東市。韓國約二〇%的文化遺產都位於慶尚北道。

那個住在慶尚北道英陽村的朋友。在深邃的礦坑中拿著鋤頭挖掘的礦工，與拿著PDA揀取各種商品裝入推車的物流中心員工，有種莫名的相似感（當然在礦場工作的薪資要高多了）。

• • • •

午餐時間其實很忙碌，要去一直忙得沒時間去的洗手間，要仔細洗淨沾滿灰塵的雙手，要拿著餐盤排隊取餐吃飯。吃完要去休息室拿出手機確認訊息；要盡量抓時間讓屁股坐下休息，還要去自動販賣機買一罐三百元的飲料。物流中心內部幅員遼闊，這一切過程的距離加起來可達數百公尺以上。

午餐時間雖然表定一小時，但這一小時卻過得像十分鐘一樣快，而且十二點四十五分就要將所有私人物品放回置物櫃內，返回作業區準備下午的工作。我突然想念起以前上班時，中午出去外面吃午餐，餐後再帶杯咖啡，與同事一邊聊天一邊慢慢散步回辦公室的日子。但比起以前悠閒的午休時間，迅速緩解飢餓感，把握每一分鐘再讓屁股多坐一會的酷澎午休時間似乎更美好。

但是某天，這美好的感覺卻被破壞了。那天要去吃午餐時，一對男女問我餐廳怎麼走。他們是夫妻，第一天上班，趁週末一起來打工。我詳細告訴他們餐廳的位置。

「先上樓頂，從停車場往北邊走三百公尺左右，就會看到很多人都往同一個方向去，那裡就是員工餐廳。」

我先回休息室拿手機，所以比較晚到餐廳，這一方面也是為了避開人潮，晚一點到反而可以節省排隊取餐的時間。今天的菜單是海鮮麵拌飯加炸餃子，一如往常，我在餐盤上堆起「高峰飯」。餃子起鍋太久變得有點硬，不過海鮮麵拌飯還是挺不錯的。我一臉滿足走出餐廳，想找地方坐一下滑手機，不經意發現剛剛向我問路的夫妻走在前面，同時聽到妻子尖聲抱怨：

「做得要死才領那麼一點日薪，午餐也跟狗飯一樣，那是給人吃的嗎？」

突然之間，我的美好午餐時間好像變得什麼都不是，我的臉上感覺熱燙燙的。怎麼會這樣？是做太少了嗎？

新冠疫情衝擊下的酷澎

進入二〇二〇年三月中旬，酷澎物流中心發生了重大變化。因為新冠疫情擴散，內部開始調查員工「是否去過中國武漢等地？」「有沒有發燒？」「是否接觸過確診者？」原本接駁車都會開到日薪制員工休息室所在的五樓讓我們下車，後來在一樓就下車，以一樓為單一出入口，同時必須通過體溫測量，正常才能進入，如果發燒或沒有戴口罩，就直接回家了。坐接駁車要登記座位，吃午飯時也不能相對而坐，並且要登記座位號碼和時間，這一切都是為了加強防疫的措施。

工作的人增加，貨量也增加。在新冠肺炎疫情爆發之前，日薪制員工休息室最多只有十五人左右，但後來日薪制員工多到讓人感覺「熱鬧」的程度，估計應該超過四十人。出貨量也大幅增加。

揀貨業務做久了，有時會被調去盤點庫存，也就是拿著PDA到特定位置去確認商品數量。例如PDA顯示B-135架上有三十件T恤，我就要去實際數一下，通常不會有出入，只是做著做著，會讓人想不透為什麼要做這種事，但因為是交給我的工作，所以還是很認真一件一件地數，在旁邊盤點的「前輩」看到我這樣，忍不住說：

「幹嘛那麼認真數，這是因為今天沒什麼訂單才叫我們來盤點，就當耗時間就可以了。上面那些傢伙就是看不慣我們閒著而已。」

啊，原來如此啊。解開疑惑了，前輩果然經驗老道。

但在新冠疫情擴大之後，幾乎沒有「盤點」這項工作了。物流中心從原本的足球場大小，擴張成像蠶室綜合運動場（一九八八年奧運主場館）那麼大。以前只有分A、B、C三個區，後來多了D區。在此之前，有些未利用空間一直用隔板隔著，但隨著貨量處理需求的增加，隔板都拆掉了，把那些空間也拿出來利用。據報導，新冠疫情爆發後，酷澎的訂單量增加了三~四倍[7]。對於像酷澎這樣的電商，社會開始出現新的評價。在美國，隨著新冠疫情的擴散，出現了囤貨現象，但在韓國卻看不到這種現象，因為電商太發達了。

雖然美國有亞馬遜這樣龐大的電商，但仍以沃爾瑪（Walmart）這類傳統的零售量販店擁有較高的市占率。在紐約等大城市，或許網路訂購配送方便，但散布在廣大美國腹地各處的小城市居民，如果不去沃爾瑪，就沒什麼可以購物的地方了。因此，預期住家附近沃爾瑪的生活用品可能會缺貨，所以居民就搶先開車去買多一點回家囤著。相反地，在韓國隨時都可以透過網路訂購，而且「當日配送」、「火箭配送」、「子彈配送」、「凌晨配送」等各種迅速配送系統可以讓消費者以最快的速度收到商品。不管什麼時候，我都可以在我想要的時間拿到商品，所以根本就不需要辛苦地去大賣場搶購生活用品。

這種效果可以在實際統計調查中看見。隨著二月第三週大邱[11]爆發集體感染，確診者劇增，物流企業「CJ大韓通運」[12]接到的生活用品配送量暴增三

---

⑪ 編註：位於韓國東南部的廣域市（相當於直轄市）。

⑫ 編註：大韓通運在二〇一三年被CJ集團收購，與集團內另一家物流公司合併為CJ大韓通運。

倍[8]。之後又隨著警戒升級，規範社交距離、控管室內人流、在家工作者增加，民眾大量訂購家用咖啡機、圖書、音響設備等居家使用的商品。食品的配送量也較前一年度激增九〇%[9]。網路購物不用與人面對面，方便又快速，受到消費者的歡迎。以下可以看看民眾給酷澎的留言：

「我愛酷澎。」

「像現在這種時代，如果沒有酷澎該怎麼辦啊？」

「快點上市吧。我想買（股票）。」

「等到疫情穩定下來，希望表揚酷澎以及所有酷澎的司機們。包括我在內，大家都因酷澎而受惠。因為有酷澎我們不需要囤貨，心理上也安定多了。我真想把省下來的公司聚餐費捐給酷澎司機，謝謝你們。」

新冠疫情時代的醫護人員成了英雄，而像酷澎這類的電商物流企業受到的關注也不亞於他們。大家害怕出門，「零接觸」的購物系統成為新的替代方案。配送也演變成「零接觸」。過去配送到府會先按門鈴，再將商品直接轉交給消費者；如果消費者不在家，還得先離開，之後再跑一趟。但疫情時代配送的基本原則變成「請交給警衛室」，而沒有警衛室的住宅區則設置了「無人收件箱」。

「我們大樓警衛室是保管處嗎？」「保管物品是警衛的基本工作嗎？」因為這些爭議，後來配送員多把商品放在家門前就離開。雖然並非完全沒有一絲不安，但在疫情時代似乎是無可奈何。

隨著物流量急劇增加，酷澎的人力招募制度也起了變化。之前即使主動應徵也常會落榜，但現在開始會收到酷澎主動發出的「短期員工招募」訊息，甚至其他地區的酷澎物流中心也會發出有人力需求的訊息，鼓勵「上班」。

工作中加入了很多新人，很多都是二十歲出頭的年輕人。雖然開學了，但無法到校上課的大學生很多。

「真宇的媽，早安，妳今天也來了啊。」

「早，是啊。欸，妳旁邊的是誰啊？女兒？是芝敏嗎？」

「最近學校停課，整天待在家裡太悶了，所以就把她帶出來。」

「很好啊，我們家真宇也是整天窩在沙發上打電動，我也要叫他來應徵酷澎。」

● ● ● ●

有一回在工作時，一個看起來三十多歲的新人過來問了我很多事。我就像以前從「前輩」那裡學習一樣，教他如何使用PDA、如何有效率地堆貨。

「今天是第一天上班吧？」

「對，早上雖然有教育訓練，但並沒有說得很清楚，實際做的時候才發現有很多不知道的地方，管理者叫我來問問前輩。」

「看來你是第一次做這種類型的工作。」

「是啊，原本我在仁川⑬的空廚公司工作，就是做飛機餐的。結果無預警地接到停職的通知。聽說政府會發補助金，但也不能一味地乾等，所以就先出來工作了。」

新冠疫情造成旅遊業、飯店業等「需接觸」的行業受到直接衝擊。對他們來說，因物流量大增而急需人手的酷澎日薪制工作，成為一個「中繼站」。特別是對於未加入僱傭保險而無法享受失業津貼的保險業務員、安親班老師、課輔班老師等，酷澎正是乾旱時期的及時雨。

沒有掛繩的口罩

成為新冠疫情時代英雄之一的酷澎首度面臨危機，是從二〇二〇年五月二十六日富川物流中心出現第一位新冠肺炎確診者開始。那是一名日薪制員工，他確診後陸續出現其他確診者，人數瞬間超過了一百人。不久之後，我工作的高陽物流中心也發現了確診者。

酷澎初期的應變措施造成問題。日班組當中雖然發現了確診者，但公司並未立刻採取隔離措施，只是將工作場域進行簡單的清消後，就讓夜班組的員工繼續工作，因此未能切斷傳播鏈。輿論大加撻伐，京畿道知事⑭李在明為此怒斥酷澎處理態度鬆懈不負責，於是下達關閉富川物流中心的行政命令[10]，輿論

⑬ 編註：位於韓國西北部的廣域市，是韓國第三大城市，市郊有仁川國際機場。

⑭ 編註：京畿道地區的行政首長。

的指責才逐漸平息。

●●●●

在確診者出現在酷澎物流中心的前一個月，有天下班我正在等電梯，旁邊一名女員工突然尖聲對我叨唸：

「戴口罩啦！」

其實我不是故意不戴口罩，是因為白天工作時口罩的掛繩斷掉了。其實就算不是新冠疫情期間，在酷澎的物流中心工作都必須戴口罩。早上進入堆滿貨品的物流中心，最先感受到的就是「灰塵的味道」。雖然看起來環境維護和換氣都很認真做到，但大部分物品都裝在紙箱裡，紙箱上的灰塵是怎樣都避不掉的。（上大學時，曾在圖書館雜誌閱覽室打工過，那裡收藏了一百年前的雜誌，我負責擦拭圖書，不知是不是那個原因，後來身體不適難受了整整三天。）因為工作時必須不停搬運重物，有時會喘不過氣來，戴口罩其實不方便，但因為有灰塵，所以通常還是會乖乖戴著。

我把掛繩斷掉的口罩拿給那名惱怒的女性看，並說明「因為掛繩斷掉了，所以才沒戴」。沒想到那名女性進入電梯後，就自顧自地按下關門鍵，自己先下樓了。我只好等下一班電梯。當電梯來到時，兩名警衛跑過來把我攔住。

「我們接到檢舉說有員工不戴口罩，你的口罩呢？為什麼不戴起來？」

這兩位之前是警察嗎？像審訊犯人一樣質問我。

「工作的時候口罩掛繩斷掉了，所以才沒戴。」

「請說出你的姓名和所屬單位，我們必須向上呈報。」

「我是日薪制約聘員工。」

「口罩掛繩斷了就要重新申請啊。」

「日薪工也可以申請口罩嗎？我只知道沒有戴口罩就不能進來上班，但沒聽說過公司還會提供口罩給我們。」

記得上班前一天酷澎傳來這樣的訊息：

「本公司不提供口罩，請自行準備。」

新冠肺炎疫情越來越嚴重後，酷澎為了防疫採取了很多措施，我不否認酷澎做了很多努力，但我對於它們未發放口罩給日薪兼職工仍感到遺憾。

• • • •

酷澎內部出現確診者一事還存在結構性問題。暫且不論提供口罩與否，在作業場區內，員工之間還共享安全靴和安全背心等作業用品。

根據媒體報導，酷澎物流中心裡有九七%的員工都是約聘人員[11]。這些約聘人員中有些簽約三個月以上，但很大一部分是日薪制。一天三班制、二十四小時運轉的物流中心，一班約有五百名員工作業，一天至少有一千五百人進出酷澎物流中心。

像安全靴等作業用品若要每個人單獨配置，會產生很龐大的費用，所以酷澎是採取共用模式。有人不想穿別人穿過的靴子，可以自己準備帶來，也有人穿著登山鞋硬說是「安全靴」。

許多人稱讚快速將日用品送到自家門前的「酷澎Man」是「英雄」，「如果沒有酷澎，真不知道該怎麼活。」然而在酷澎內部工作的勞動者卻曝露在危險中，每天都帶著不安的心情工作。

在新冠肺炎確診事件之後，酷澎開始發送新的招募訊息。

「招募觀察員。工作內容為監控體溫測量、確認出勤名單、確保休息室內部維持社交距離、監控作業區內人員佩戴口罩等。」

●●●●

這個工作當然也是日薪制，而且待新冠肺炎疫情結束後就會一併消失。

可靠的「酷澎Man」

酷澎成為最強電商的核心競爭力是「火箭配送」。酷澎的配送員——「酷澎Man」從一開始就成為話題（二〇二〇年夏天，酷澎將配送員的名稱從「酷澎Man」改為「酷澎友」。但在本書中，仍使用韓國消費者較熟悉的「酷澎Man」）。

• • • •

一般貨運司機以四十歲以上的中年人占多數，而且一直以來都並非貨運公司編制內的員工，通常都是司機自備貨車，與貨運公司簽訂運送合約，也就是俗稱的「靠行」。換句話說，他們也算是自營業者。如果想從事貨運配送，就必須先擁有一輛貨車，還要投保「有償運輸綜合保險」。如果在貨量大、配送較為方便的地區，有些貨運公司還會要求支付營業權的權利金。在韓國若想成為貨運司機，必須準備最少三千萬元、最多七千萬元的資本額，因此具備一定程度的經濟能力，可以進行「初期投資」的三十五歲以上年齡段，是貨運司機的主要年齡層。過去曾發生不少「租牌」的情況，也就是只要有車，就可以租用具備「有償運輸」資格的營業用黃色車牌，費用約在一千五百萬元到二千萬元之間。但隨著後來配送需求呈幾何級數成長，政府推出帶有「配」字樣的配送專屬營業用車牌，可以免費申請。

但是酷澎的商品大多是先買斷入庫，顧客下單後自行配送。在配送「他人的有價商品」時需要黃色營業用車牌，但運送「自己的商品」時用一般白色車牌即可。只要公司決定好了，用白色車牌的一般車輛也可以進行配送，所以酷澎可以盡情地增加配送車輛。

酷澎直接僱用配送司機，因為不必自己負擔初期投資，所以許多二十～三十多歲的青年大舉成為酷澎 Man。身穿乾淨清爽的制服，面對顧客時依照公司的標準程序應對，讓「暖男酷澎 Man」一度在網路上爆紅（偶像團體「太四子」中的成員金亨埈也曾經是酷澎 Man）。

酷澎 Man 由公司直接僱用，這是最大的優點。與一般以賺取配送佣金的貨運司機不同，酷澎 Man 有固定薪水的保障，收入相對穩定，在達到基本配送量後，超額的數量可以得到額外津貼。還享有油錢補助、週休津貼、年假、獎金，逢年過節也有酷澎發放的購物禮金等公司福利待遇，因此工作滿意度很高，自然可以提供比一般貨運更好的服務。有些酷澎 Man 還會心血來潮在貨運箱上畫畫，或留下溫情話語，得到客戶好評。酷澎 Man 成為信賴的象徵。

• • • •

更重要的是當日下單、隔日送達的「火箭配送」，更是酷澎的核心競爭力。酷澎 Man 剛開始仍是約聘制，要成為正職大概需要二年的時間。應徵後，先經過駕駛測試和各種問卷調查，錄取後需要先經過二～三個月名為「light」的實習，這段期間會與正職的「酷澎 Man」一起送貨一邊學習，配送量剛開始只有正職酷澎 Man 的三〇％，熟悉工作之後會逐漸增加到八〇％。實習期間月薪為二四〇萬元左右。

從「light」畢業後，就會以「normal」之名約聘，每次任用期為六個月，期滿續簽，工作內容與正職員工幾乎完全相同，薪資為二八〇～二九〇萬元。「normal」做滿二年之後就有機會轉為正職，公司會根據這二年的績效和出勤情況等來決定。如果成為正式員工，月薪可達三三〇萬元左右。

酷澎 Man 分為早上九點到晚上八點的日班，以及晚上十點到隔天早上八點的夜班兩種。夜班薪水會多出四〇～五〇萬元，因此夜班正職的酷澎 Man，一個月大概可以賺三八〇萬元，如果配送數量多，得到獎勵津貼，月薪也可能會超過四百萬元。

正職酷澎 Man 的好處是一週工作五天、一年給十五天的年假，一週的工作時數不會超過五十二個小時，公司提供四大保險，任職滿一年以上就可以得到退職金等福利。雖說這些是勞工理所當然應得的福利，但對於以自營業者活動的絕大部分貨運司機來說，這通常是「別人的福利」。

從薪資和勞動條件來看，酷澎 Man 比物流中心內部員工有更好的保障，也有更多機會轉為正職員工。因為正如前面所說，酷澎 Man 是酷澎的核心競爭力來源。事實上，酷澎銷售的商品在市場上並沒有什麼優勢，因為這些商品大部分在其他電商平臺也有。那麼，只有提供比別人更便宜、更多樣的商品，並以更快的速度配送到消費者手中才能勝出。

物流中心內部作業自動化正在快速發展，但配送工作的自動化進展緩慢。因為與能夠控制所有情況的物流中心不同，在戶外配送需要面對的變數太多，這也是配送工作仍要由人來完成的原因，因此酷澎 Man 必須維持工作的熟練度效率。

運送的貨量持續增加，重量也增加。液體類的商品重量普遍比較重，到了秋天更是一場戰爭，因為新米上市，米的訂單會大增，加上秋天也是蘋果和水梨等大又重的水果產季，配送量也會增加。更可怕的是準備拿來醃泡菜的大白菜！

喧賓奪主的酷澎 Flex

上午八點，在酷澎物流中心停車場，剛上完夜班、準備下班的酷澎 Man 聚在一起聊天。在新冠疫情爆發後，聊天主題大多是每天不斷增加的貨運量。

「送了幾戶？」

「〇〇戶。」

「哎喲，那些怎麼送得完？」

「我接到××戶。」

「如果接到那麼多就別無所求了。」

「那剩下的要怎麼辦？」

「看來搞不好會調整彈性工時了。」

此外也會交換業務情報。

「〇〇商務公寓？那裡的貨梯出入口在大樓後面是獨立的，所以不要直接下去地下停車場，從左邊繞到後門去就會看到了。」

「○○社區大樓的動線很複雜，一～四號靠走廊，五、六號近樓梯。所以一開始裝貨時就要把一～四號和五、六號的分開裝。」

偶爾也有工作中遭遇的事。

「你有沒有聽說？○○○昨天在××倒車時不小心撞到一個女學生。」

「哎呀，那裡的路又小又複雜而且常常有人會突然衝出來，我上次在那裡也差點撞到一個老奶奶。」

「唉，他還那麼年輕，這下心理陰影一定不小。」

還有酷澎 Man 的不幸消息。

「聽說○○○是凌晨送貨中途猝死。」

「是啊，倒在公寓的樓梯間被發現。他才剛來一個月……」

「可能有很多貨吧，要在七點之前完成配送，真是太勉強了。」

酷澎 Man 在工作中猝死的事發生後，工會要求改善待遇，減少配送量，因為配送員根本無法承受。酷澎 Man 的績效取決於是否將基本貨量處理完，以一天為基準，一趟車出去須跑完一四〇戶左右。工會表示這個要求太不合理。加上有些地區狹窄蜿蜒的巷弄較多，或是沒有電梯的老舊公寓、範圍較大的別墅區等，都會拉長配送時間。酷澎 Man 不得不「勉強」達成目標，而勉強就會導致「事故」。

• • • •

在業界，酷澎有「物流士官學校」的別稱，因為有許多人在酷澎以約聘身分待個一～二年就離開，之後轉作自營形式的配送司機。雖然酷澎提出「約聘酷澎 Man 轉為正職的比率超過九〇%」，但工會卻表示「全體酷澎 Man 中有七〇%為約聘制，轉為正職的轉換率高是一種錯覺，大部分的約聘酷澎 Man 因不堪繁重工作而自動請辭，或公司會以績效不佳為由在轉正職前解約」。

因此有了「酷澎 Flex」。酷澎 Flex 其實就是用自有車輛進行配送，算是兼職工作。申請成為酷澎 Flex 後，會先收到當天的貨物配置量，接著開車去酷澎物流中心，把分配到的貨物裝上車後進行配送。每送一件可收取九百～一千一百元左右的佣金，一天處理完四十件就可賺五萬元左右。按照供需市場原理，如果應徵者少，每件可收取的佣金就會增加，反之則減少。

．．．．

酷澎 Man 有獎勵制度，如果把分配給自己的貨量全都處理完，可以去支援其他區域（有時是必須支援），協助其他酷澎 Man 處理貨物，每件可獲得八百～一千元的獎勵金。但公司現在可以將這些數量分配給酷澎 Flex 的兼職配送員，因為佣金多少都是先簽約定好的，公司不需要保證他們的最低收入，也不用負擔保險。酷澎 Flex 用自己的車和手機，公司自然不用配車、貼補油錢和手機費（但因為這種做法等於剝奪編制內酷澎 Man 的收益機會，因此超額分配的優先權還是會先給酷澎 Man）。

反過來看，酷澎 Flex 必須使用自己的車和手機，要自己負擔油錢，保險也要自己處理。運氣好一點一個小時送十件（實際上是很難達成的目標）可以獲得一萬元的佣金，但扣除各項費用，收入其實是低於最低薪資標準。尤其若牽涉到保險問題就很頭痛，酷澎 Flex 幾乎都未投保「有償運送」保險，所以一旦配送時出了事就只能自己認賠。一趟跑下來賺了幾萬元，一出事卻要賠幾百萬元的事時有所聞。

不時會聽到「有個 Flex 不小心A到一輛奧迪，賠慘了」這樣的事。酷澎的貨物處理量增加，二〇二〇年二～五月，就有五千四百人加入酷澎 Flex 的行列。酷澎 Flex 的擴大也引起韓國政府注意，現正推動個人車輛的「有償運輸特約方案」（以二〇二〇年七月為基準）[12]，讓酷澎 Flex 這種形式的自營貨運業者也可以享受保障。也許在不久的將來，酷澎 Man 將全面被酷澎 Flex 取代。

市場、超市、量販店消失

酷澎以約聘制與日薪制員工為主力，是為了將人力成本降到最低。如果站在公司的立場，會希望能更靈活地配合季節、景氣做人力上的調整。亞馬遜在「黑色星期五」檔期⑮，會投入比平常多兩倍的臨時人力。Flex 兼職配送模式的始祖就是亞馬遜——亞馬遜 Flex。隨著技術發展，這樣的人力配送系統成為可能。

商品進入物流中心之後分流配置的「入庫」；消費者下訂後裝入推車送到包裝臺包裝送出的「出庫」；將包裝好的物品送往各地衛星倉的「轉運」，形成

⑮ 編註：美國在每年十一月第四個星期四會慶祝感恩節，隔天就是「黑色星期五」。這一天被認為是商家刻意炒作出來的促銷採購日，許多商家會祭出驚人折扣，是除了聖誕節檔期之外，銷售表現特別亮眼的日子。至於為什麼是「黑色」？有一說認為，因為傳統記帳會用紅色代表虧損，黑色代表盈餘，象徵商家期待這一天能帶來滿滿營收。

「酷澎陣營」。員工不必知道哪些物品應該放哪裡、在哪裡，只要依照PDA的指令移動就可以。這份工作不要求高超技巧，大部分的人只要做個一、兩天都能上手。對酷澎來說，無須承受長期僱用的負擔。酷澎 Flex 沒有PDA，但可以透過自己的智慧型手機掃描發貨單來處理配送。

隨著「平臺科技」的發展而出現了這樣新興的業種，在取代現有職業的過程中必然伴隨部分勞動模式的解體。變化最劇烈的就是計程車運輸、餐廳外送以及酷澎這類電商領域。

像亞馬遜和酷澎這類的電商，並非二十一世紀才出現的革新商業模式。隨著文明的產生，人類先是以物易物，接著出現貨幣，市場經濟蓬勃發展。在美國，「郵購」一度引領風潮。進入二十世紀，鐵公路等交通系統發達，郵政配送網緊密，捕捉到商機的企業家們，紛紛印刷並發送包含各種商品的型錄。郵購銷售的代表企業就是美國的西爾斯（Sears）集團，他們透過郵購銷售開始累積財富，曾買下當時世界最高大樓的冠名權，稱為「西爾斯大廈」（現已更名為「威利斯大廈」（Willis tower）⑯）。

隨著汽車的普及和城市的飽和，中產階層開始移往郊區，在郊區建設大規模住宅區聚居，因此出現了「市中心」（downtown），這時便出現了像沃爾瑪這類的大型量販店。只要把商品堆起來，人們就會開車過來，在購物車裡裝滿物品，結算後再裝進自家汽車的後車廂離開。

• • • •

今日的網路購物是「二十一世紀版的郵購」。取代紙張，流通業者在網路上傳型錄，整合訂單和結算系統，建構了專門的配送網（貨運公司）或自營配送網（例如酷澎的「火箭配送」），把所有過程單一化。隨著網路購物成為大勢所趨，各企業展開生死存亡的競爭，關鍵在於「市場占有率」的擴大。

網路時代可以進行「比價」，同樣的商品就算只是便宜一〇元，消費者也會選擇比較便宜的買。運費也是很重要的決定基準。站在業者的立場，要再便宜

---

⑯ 編註：這棟大廈位在芝加哥，一九七三年落成時是世界第一高樓。現為芝加哥第一高樓，全美第三高樓。

一點、再快一點、再有效率一點地配送，才能在激烈的市場中生存。所以買入商品的單價就必須壓低，除了壓低購入成本，最好能成為某些商品在市場中獨一無二的營運商，這樣才能獲得消費者的「購買力」（buying power）。

最近的「鎖定」（lock-in）、「訂閱制」（subscribed model）也備受矚目，簡單來說就是付費會員制，像「亞馬遜 Prime」、酷澎的「火箭WOW」一樣，只要繳納些許會費，就可享有更快速的配送服務。電商業者的戰略是，既然交了會費，消費者會有一種要拿回本錢的心態，就不會輕易轉移到其他網購商城，而是會在同一個地方持續購物。這種方式並非業界先例，最熟悉的例子就是好市多（Costco），他們收取年費，讓會員可以用相對優惠的價格在賣場中購買商品，同時大部分商品具有獨占性，這是他們的核心戰略，使得好市多在網路電商環伺的市場中仍能保持生存能力。

而在這波風潮中，社區小型超市逐漸消失。過去，開一間超市需要不少投資，首先必須在好地段設立店面，掌握附近居民購物的需求和偏好，因空間有限，所以無法擺放所有商品，店鋪的走動設計也要配合商品陳列。有時會推出

「誘餌商品」打折做活動來提高銷售，另外像生鮮類的庫存管理也很重要。

如果是稍具規模的店鋪，還有人事問題必須處理。遇到特別節日還要印傳單促銷、辦活動。要具備從早忙到晚的體力，還要防止小偷，以及林林總總帳務管理、稅金申報、客戶關係維護等工作。

但是這一切都被網路購物一網打盡。大型電商企業將所有業務分門別類，同時數據化，盡可能降低成本、提高效率，大量進貨以壓低售價，再以子彈般飛快的速度將商品送到消費者家門口，於是社區內的小型超市便一一消失了。

給螞蟻們的悲歌

巨大的酷澎物流中心內部，每個區域的工作型態都略有不同。五樓主要是T恤或化妝品等小包裝的商品，那些商品會裝在小塑膠籃內，再送到包裝臺。六樓是礦泉水、泡麵、衛生紙等相對體積比較大、比較重的商品。這些商品整齊地堆疊在棧板上，用拖板車運送。

我主要在六樓工作，有時也會被分派到五樓，在五樓作業區一起工作的還有HUB，HUB會將包裝好的商品依照不同地區分類，裝入貨車中。HUB的工作臺總是會播放音樂，有點資歷的管理者會用藍牙喇叭播放。在與物品對話的無聊工作環境中，從遠處傳出的音樂聲總能帶來一點活力。

但是聽著聽著，我開始暗暗注意起選曲了。聽起來好像只是隨機播放YouTube裡的音樂集。大部分是帶著輕快旋律的K-POP歌曲，動滋動滋的，聽到這樣的節奏，感覺自己的動作都變輕快了。偶爾也會出現哀淒的抒情曲。

有一次，我好不容易把礦泉水和衛生紙等沉重的貨品堆得快跟我一樣高了，氣喘吁吁地推著車，隱約聽到遠處傳來歌手金範洙⑰的歌曲：

「那些曾經瘋狂愛過的記憶、回憶，試圖尋找你的蹤影……」

雖然是我很喜歡的歌曲，但實在不適合在拉著沉重的推車時聽。每次在工作時聽到音樂，心裡都會想：「這首歌工作時聽不錯。」「這首太難聽了，到底選曲的標準是什麼啊？」像這樣自己在心裡默默進行不負責任樂評，也有一點小樂趣。然而有一天，我突然想起小時候看過的《伊索寓言》裡的故事〈螞蟻和蚱蜢〉。

炎熱的夏天，螞蟻流著汗辛勤工作，旁邊的蚱蜢悠哉玩樂、唱歌。冬天來了，螞蟻在溫暖的窩裡吃著在夏天就儲備好的糧食，溫暖過冬，這時又冷又餓的蚱蜢前來敲門，請求螞蟻行行好，施捨一點吃的東西。這故事告訴我們，只有平時努力工作，累積儲蓄，才能過幸福的生活。

但是後來出現了很多另類延伸的故事，例如螞蟻收留了蚱蜢，分享食物和床，幸福地生活在一起，是一個「迪士尼版」的故事。我後來才知道，原來蚱蜢的壽命只有八個月，反正冬天來臨前就會死，所以還活著時就盡情玩樂、享受生命，這是「科學式」的故事。甚至還有「現代版」，蚱蜢一整個夏天都在唱歌，歌唱實力大增，在冬季推出單曲席捲美國告示牌（billboard）排行榜⑱，成為百萬富翁。我突然想到在酷澎物流中心汗流浹背，像螞蟻一樣搬運貨品的我，好像成了「現代版」故事的主角之一，無論怎麼辛苦工作都擺脫不了最低薪資；相反地，蚱蜢只要大獲成功一次，就一輩子不用辛苦工作，不愁吃穿。

現在的孩子長大後的夢想不是當軍官、科學家或老師，而是夢想當偶像歌手、人氣直播主等。螞蟻的精神不再是主流，現在是蚱蜢的時代。當然不是每一隻蚱蜢都能成功，真要成為大明星，那就像駱駝穿過針眼、富翁進入天堂之門⑲一樣難啊。

⑰ 編註：韓國知名男歌手，知名作品包括二〇〇三年韓國電視劇收視率冠軍《天國的階梯》主題曲。有評論家認為，他的聲線溫柔動人，給人多愁善感的印象。

⑱ 編註：由美國的音樂雜誌《告示牌》製作、被公認為是美國最權威的單曲排行榜。

⑲ 譯註：出自《聖經．馬太福音》第十九章第二十三、二十四節。

二〇二〇年十月，韓國國會議員梁敬淑公開國稅廳資料，顯示二〇一八年申報所得的六三七二名歌手中，收入排名在前一%的有六十三人，平均收入為三四億四六九八萬元，占所有申報歌手收入的五三%[13]。剩下四七%的所得，則是其餘九九%歌手的總和。這是典型的貧富兩極化的現象。

在最近很流行的實境生存綜藝節目中，可以看到很多娛樂經紀公司的練習生[20]訓練及表演的樣貌，看起來讓人有一種蚱蜢比螞蟻還辛苦的感覺。現代的蚱蜢不再只是蚱蜢，也要不停地努力練習，不斷磨練實力。在二十一世紀版本的〈螞蟻和蚱蜢〉故事中，或許應該關注的是蚱蜢。

• • • •

學生時代有個一直無緣拿到的獎項「全勤獎」。不是得了痲疹、重感冒，就是中秋節時家族聚會搶著夾沒熟透的烤肉吃，結果食物中毒。還有奶奶去世等原因，以至於每學期都有理由請假不能上學。記得以前老師總會說：「比起成績優秀，能得到全勤獎的學生更了不起。」沒錯，是很了不起。沒有生過病很了不起，抱著「即使要病死了也要上學」的意志來到學校，上課卻躺在保健室的同學也非常了不起。曾經聽說某汽車製造商在招募員工時，最優先考慮的是學生時代的出勤狀況㉑。但是稍微仔細想一想，全勤獎不就是為了培養「螞蟻」而設立的嗎？

● ● ● ●

韓國的「夜生活」世界知名，這要歸功於深夜還算可以安心在街上走的治安。但我認為韓國學校傳統的「夜間自律學習」文化，對於韓國成為夜生活天堂貢獻不小。因為晚上不是待在學校自修，就是在補習班，孩子習慣了晚上不待在家裡，久了就不知道在家裡的時間要怎麼度過（所以大多都是玩電動、上網聊天、玩社群網站等）。即使上了大學，晚上不是繼續去圖書館或補習班進修，就是去啤酒屋或夜店抒壓（有人在家打電動，出門也是去網咖打電動）。成

⑳ 編註：在韓國，被娛樂經紀公司簽下的人必須展開多年的培訓，在這段期間被稱為練習生。通過考核的練習生，才能正式出道成為藝人。

㉑ 原註：某汽車製造商曾在聘用生產職務人員時，要求附上高中生活記錄簿。

為上班族之後，有加班和聚餐等著。像韓國夜貓子這麼多的國家，夜生活產業能夠不發達嗎？

● ● ● ●

韓國人非常實在。在南歐以及許多南歐人移居的南美地區，還保留著「午休」（siesta）的文化。在澳洲，大部分公司與商店在下午四點就關門打烊。在歐洲，很多地方的人在太陽下山後就不出門了。有一次去加拿大多倫多找朋友，晚上看到市區大樓亮著燈，我跟朋友說：

「看來加拿大人也是工作狂。」

「那個？那只是把燈開著而已。因為大家都下班關燈的話，整個城市會變得非常黑暗和冷清，所以晚上大樓會開燈，市政府還會減免電費呢。」

● ● ● ●

一九九四年「徐太志與孩子們」㉒的歌曲〈教室思想〉歌詞。

「每天早上七點三十分，

把我們推進小小的教室，

全國九百萬孩子的腦海中，
全都塞進一模一樣的東西，
窒息、窒息，無處可逃，
把你我全都吞噬，
在這死氣沉沉的教室裡。
把青春浪費在這裡太可惜，
要成為更有價值的你，
勝過坐在隔壁的孩子，
踩著一顆顆腦袋往上爬，
成為更成功的你。

㉒ 譯註：一九九二年出道，一九九六年解散，是韓國九〇年代當紅音樂組合，由徐太志與梁鉉錫、李朱諾組成，發表過許多膾炙人口、反映社會現象的歌曲，徐太志更有「韓國音樂教父」之稱。

（……）

從國民學校進入中學，
高中畢業後就進入工廠。
為了創造看起來更好的你，
用名為大學的包裝紙帥氣包覆，
現在想想，遮住『大學』的本色，
假裝嚴謹的時代已是過去式，
再誠實一點，你就會知道真相。」

二十六年前的這首歌，除了歌詞中的「國民學校」變成了「小學」，因為低生育率，學生已不到「九百萬」之外，還有其他改變嗎？當年就讀於首爾北工業高中的鄭賢哲（徐太志）衝出學校，扔掉筆和扳手，拿起了吉他和麥克風。他成了徐太志，成了百萬富翁的蚱蜢。

第2章 外送ON，外送OFF

——外送民族

想工作時工作，想賺多少就賺多少

「平均時薪一萬五千元。」

這是「外送民族」徵才網頁上的廣告詞。

「只在我想工作時工作。只要有空，花個一、二小時，就當是運動的一、二小時，輕鬆的週末午後的一、二小時，一起加入『外民 Connector』的行列吧。」

這也是外送民族的徵才廣告。

在辛苦的體力勞動也無法擺脫最低薪資的情況下，我對酷澎物流中心的工作越來越失望，「外民」成了極具魅力的選擇。時薪一萬五千元接近酷澎物流中心的兩倍，再加上「只在想工作時工作，想賺多少就賺多少」。這與每天上午八點到下午七點，都要被困在沉悶的物流中心裡，根本無法比擬。吔！這是值得吶喊的「勞動解放」啊！Bravo! 四月，我決定成為「外民 Connector」。

外民 Connector 簡單來說，就是可以用步行，或自己的自行車、電動滑板車、汽車等運輸手段進行外送的兼職外送員。以美食外送來說，汽車不是最有效率的方式，步行太慢且需要很長時間，因此使用自行車或電動滑板車來外送的人很多。我對騎自行車還蠻有信心的，我有一輛雖然已經用了十多年，但仍非常可靠的自行車，有一段時間我騎自行車上下班，往返四十公里，可說是經驗豐富。

想成為外民 Connector 很簡單，只要輸入個人資料與想要工作的地區，再提出申請即可。以前只要登錄並得到許可後，先到培訓場接受一個小時左右的培訓，然後拿到專用外送包、安全帽、徽章等，就可以開始工作。接受培訓還可以得到教育津貼一萬元，外送包和安全帽則需支付三萬元的押金。

然而因應新冠疫情的影響，外送員培訓教育改為線上觀看影片，當然也就沒有教育津貼了。而外送包及安全帽等物品無法親取，改採網路登記配送，並全面改成銷售制。

專用的外送包一萬九千九百元，加購安全帽共需二萬九千元，如果連雨衣也買的話是三萬一千元(物品價格會波動，所以現在可能不一樣)。雖然感覺有些貴，但外民表示：「銷售價格絕對低於原價」(雖然心存懷疑，不過若辭職了，外民會以二手價格購回)。

我決定用我自己原本的安全帽，所以只訂購了外送包。雖然家裡有不少各式背包，但沒有一個適合用來裝食物。而且我個人認為「符合職業的裝扮」非常重要，必須能明確告知「外送到了」。如果一個穿西裝打領帶的人站在我家門口按電鈴說：「您訂的辣炒年糕到了。」我可能不會開門。

在緊張中結束的第一次外送

星期五傍晚六點，我穿著任誰看了都覺得是「外送員」的裝扮，背著外民的外送包，牽著自行車上路。到達餐廳聚集的繁華街道，打開手機上事先下載的「外民騎士」APP。運行日程設定為今天，再進入運行申請，螢幕瞬間變成了等待接單的狀態。我盯著手機，卻沒有顯示任何訂單。就這樣三十分鐘過去了。

手機一直非常安靜，甚至讓我懷疑APP是否正常運作。我按了「運行終止」，等了一會兒再進入「運行開始」，但還是沒有任何訂單，所以乾脆登出後再登入。

因為等得太無聊了，於是我騎自行車在附近轉了一圈，突然手機響起「叮咚」聲。我急忙把車靠邊停好，確認手機畫面，就在短短三十公尺外的餐廳有一張訂單。我仔細查看，想確認是什麼餐廳、什麼類型的餐點，結果才不到五秒訂單就消失了。訂單出現後會停留十秒，若不立刻按下接單，就會被其他外送員搶走。

「啊，第一次跑外送，這也是難免的。」沮喪的瞬間，同一間餐廳的訂單又出現了。看來似乎是剛才接單的外送員立即取消了接單。不管三七二十一，這回我馬上按下「接單」。於是我接到了生平第一張外送訂單。

不管做什麼事，剛開始總是半興奮半恐懼。我一邊深呼吸一邊調整心情，按下「備餐請求」後慢慢踩下踏板，與此同時餐廳會開始準備餐點。快到目的地前我才想到還沒確認餐點內容，這才發現要送的是一份義大利麵和披薩。

外民的教育影片曾提到，最好避免接下披薩或壽司這類的訂單，因為通常無法平整地放進外送包裡，途中稍一晃動，食物很有可能會散亂而毀壞，所以不建議新手外送員配送。在確認餐點內容後雖然有點慌張，但已經無法取消了，再加上等了超過半小時才接到第一張訂單，我也不想就這樣放棄。想想還是先去餐廳確認一下食物的尺寸，再看著辦吧。

抵達餐廳打開門走進去，按照教育影片上教的喊著：「外送民族來了。」

向餐廳老闆問好。老闆說：「餐點在那張桌子上。先確認一下明細看東西對不對。」我確認明細和手機上顯示的內容一致後，拿著裝有披薩的紙盒和義大利麵的袋子說：「沒有錯。」老闆回說：「麻煩你了。」一句親切的問候，讓我頓時感到身懷重責，務必使命必達。

幸運的是，披薩是小型的戈貢佐拉（Gorgonzola）披薩，盒子並不像連鎖披薩專賣店那麼大。盒裡散發出香噴噴的披薩味道，但我根本無心想像披薩的美味，全神貫注想著：「這個能裝嗎？」把外送包內部用來分隔的拉鍊拉開，空間就會變得比較大，披薩盒順利塞了進去。我小心翼翼地放好餐點再確認外送目的地，是距離一．四公里的社區大樓。因為騎自行車時無法看導航，所以我在腦海中先規畫出路線，然後用力踩著踏板。

平時騎車遇到上坡就牽著車走，因此對地形沒有太大的感覺。但現在為了與時間賽跑，遇到上坡也要拼命踩踏板，這才感覺到騎上坡路的困難。但我送的可是披薩和義大利麵，任誰都不喜歡冷掉變硬的披薩或糊掉的義大利麵吧，於是我踩得大腿都快裂開了。

新冠疫情時代
必備口罩
必備安全帽
「外送民族」徽章
晴天遮陽、
雨天擋雨的
鴨舌帽
寫著
「外送來了！」
的徽章
具有排汗功能的
機能性上衣
背上背的是
外送民族
專用外送包
「外送民族」
外送員
徽章
外送 民族 Connector
by 外送民族
需
別在最
顯眼的地方
可滑手機的
露指手套
沒有智慧型手機
就當不了外送員
七分褲，
若穿短褲踩自行車
褲管會刮大腿
裝零錢、行動
電源的隨身包
不可穿拖鞋，
軟膠洞洞鞋也不行
（外送民族的教育規範）
（我也同意）
option
結實的大腿
與小腿肌
2020.0918
KIM HAYOUNG

• • • •

一到目的地，小心地拿出餐點後把自行車隨手一放，搭上電梯。到了十六樓突然想到，忘了確認棟號。記得在備註事項上客人有註明「請放在門口按門鈴」，要是送錯了會很狼狽。我之所以會如此擔心，就是因為有過類似經歷。

之前有一天下班回到家，發現家門口有一盒披薩。那天妻子說要加班會很晚才回家，照理說家裡根本沒人會訂披薩，那為什麼會有一盒披薩擺在門口？我拿起披薩盒，聞到濃濃的起司味，頓時食慾大增。查看明細後發現上面寫著「請放在門口按門鈴」，看來是外送員把東西放著按了門鈴就離開了。

摸起來還是溫熱的，應該才送來沒多久，我仔細查看明細，發現門牌號相同，卻是另外一棟的，看來是外送員送錯了。本來還在思考如何解決晚飯，那就把這盒不請自來的披薩解決吧。嗯……當然不行。於是我按照收據上的電話打去披薩店。

「你們好像送錯地方了。」

「啊，謝謝您打電話來。請您放在原地，我會聯絡外送員過去重新配送。」

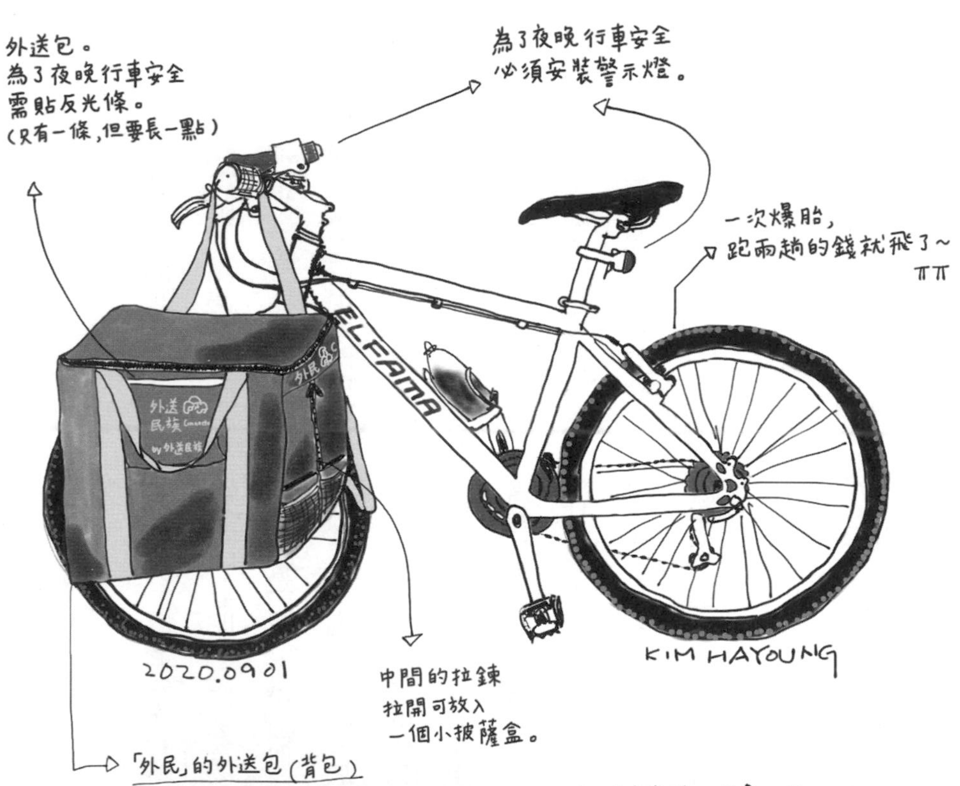

#不是免費的 #必須自己買,要價26,400元(印象中離職繳回可拿到14,200元)
#沒有這個包會很不方便 #Uber Eats的外送包看起來比較潮
#聽說是「外民」設計的

那一瞬間感覺好像不應該這樣處理，外送員再過來又要花一段時間，這期間如果披薩冷掉了，很多人會感到困擾，腦中浮現披薩變冷後硬邦邦的畫面，不由自主地皺起眉頭。

「算了，還是我自己拿去給隔壁棟好了。」

「啊，這樣啊，那真是太感謝您了。」

● ● ● ●

腦中浮現這段回憶，讓我有「再三確認棟號」的強迫症。我第一次外送的社區大樓已經蓋了超過二十年。周圍種下的樹木都長到六、七層樓的高度，剛好遮住外牆上的棟號，因此很容易看錯（希望不要在社區大樓種水杉之類會長得很高的樹）。總之我感到很不放心，正想搭電梯下樓確認時，正好有人從電梯裡出來，我趕緊問道：

「請問這裡是不是一六〇九棟？」

「對，沒錯。」

鬆了一口氣，我順利找到訂餐者的門牌號，把餐點放在門口按門鈴。這又是怎麼回事，我明明按了門鈴，卻沒有聽到聲音。是故障了嗎？不安感再度升起，我接連按了好幾次門鈴，看來是外面完全聽不到門鈴聲，但家裡面似乎聽得很清楚。

這時門突然開了，我們四目相對。啊，放在家門口按門鈴，應該是想避免不必要的接觸……我趕緊說：「請慢用。」然後逃跑似地奔向電梯。「總之，希望您吃得開心。為了不讓餐點冷掉，我可是拼了命踩著踏板幫您送來的。」就這樣，我的第一次外送算是平安落幕。

看得出是菜鳥嗎？

第一次接外送的區域圍繞著車站周邊，非常熱鬧，有兩個大型超市，還有電影院，流動人口多，商圈也發達，當然餐廳也很多。我喝口水稍微喘口氣，這才仔細查看外送員APP，發現一直有訂單出現，但是正要點下去時就消失了，可見外送員之間搶單的競爭非常激烈。

因為搶不到單，有點不是滋味，這時訂單又出現了，這回終於讓我迅速搶下。這次的訂單是距離一百多公尺外的麻辣燙餐廳，這間餐廳的訂單之前也出現過，但我稍微猶豫了一下就錯過了。我沒吃過麻辣燙，所以無法想像外送的包裝容器會是什麼樣子。

就這樣錯過了幾次之後，我才想到「既然是湯湯水水，一定是用免洗碗裝吧」。於是不再猶豫接下訂單。我總是想得太多，決定還是先試再說。

••••

那間餐廳在二樓，同棟建築物內還有其他中餐廳，旁邊的大樓裡也有好幾家中餐廳。賣麻辣燙的店家並不算大，但是專賣麻辣燙，外送訂單似乎不少。我抵達時還有其他外送員也在等餐點。我戴著自行車專用安全帽，表情呆滯地等著，一旁的外送員先跟我搭話。

「今天接了很多單嗎？」

剛剛才跑完人生第一次外送，但我不想讓別人看出我是菜鳥，於是我裝模作樣地說：

「今天沒接到什麼單啊。」

嚴格來說，我也不算說謊，之前看過網路上有人上傳的外送後記，都說手機APP裡隨時都排了至少六張訂單等著你接。但第一天上工的我，手機裡的訂單卻像荒漠甘泉一樣罕見，那個外送員會發現我是新手嗎？

「看來你是 Connector 吧？」

「是啊。」

「最近 Connector 接單很辛苦吧？」

他會這麼問，是因為在二〇二〇年初，外民 Connector 政策出現變化。在剛開始招募外民 Connector 時，曾實施特惠，並給予額外獎金，二公里以內的短程外送訂單會優先發給外民 Connector。在時間與收益息息相關的外送市場，距離二公里以內的訂單是外送員們口中的「好訂單」，但外民將這些單優先分配給 Connector，引起正職外送員的不滿，最後只得改變政策。

在短暫的交談中，那名外送員的餐點先做好。他以熟練的手法協助餐廳老闆用保鮮膜把麻辣燙包裝好，接過食物袋迅速離開餐廳。我又等了三分鐘左右才拿到餐點。看到剛才外送員的動作，讓我也想幫忙包裝，但老闆一眼就看出我是新手。

「放著就好，我會處理。」

因為有點尷尬，我拿起收據想確認明細，結果又聽到老闆的聲音。

「沒有錯的，請拿走吧。」

這下更尷尬了，當我拿著裝有麻辣燙的袋子出來時，聽到身後又傳來老闆的聲音。

「麻煩你了。」

尷尬消失，使命感再次燃起。

「務必在冷掉前送過去。」

● ● ● ●

在取餐後，外送員必須在APP上輸入預計送達時間，以五分鐘為一個單位，最長不得超過二十分鐘。我需要送的地點在一．九公里外，是Connector配送的最長距離。

因為在我家附近，其實路很熟，一路上如果順順地都是綠燈，十分鐘就可以抵達。儘管如此，我還是輸入二十分鐘。交通狀況變化多，我預估十五分鐘差不多。如果輸入十分鐘，那就是遲到五分鐘；輸入二十分鐘，可以提前五分鐘抵達，客人應該會很開心吧。對進行外送的我來說，也能比較從容。我心裡這樣打著如意算盤。

再次有力氣踩著踏板。雖然因為交通號誌延遲了一點，但我在十二分鐘後抵達目的地。客人住在一樓，所以我也不用等電梯。這次訂單上的備註欄什麼也沒寫，我按下門鈴，客人打開門，我用爽朗的聲音說：「您點的麻辣燙送來了。」並遞上餐點。客人一臉開心地接過並道謝。「天啊，突然有種滿足的感覺。」就這樣，我的第二次外送順利完成。

誰會成為我的顧客？

離開社區大樓，重新踏上夜晚的街道。這次我沒有回到一開始等待接單的地方，而是決定到附近其他地鐵站周邊等待，同時藉此熟悉其他商圈。但是我等了一個小時都沒有任何訂單進來，只有一個是訂了壽司店的鮭魚壽司套餐，就在我覺得好像很難裝袋之際，又被別人搶先一步接走了。在外送的世界裡似乎「禁止思考」。

等了一個小時，因為太無聊，於是又騎著自行車在附近打轉。雖然看似微不足道，但經過短暫體驗，我發現外送的熟練度和專業性來自於掌握「地理」的能力。只有熟悉道路，才能比別人快一分鐘送達。以前沒有智慧型手機的年代，中餐館或炸雞店內的牆上都會有一大張地圖，上面密密麻麻地標示附近社區的巷弄編號，但是熟練的外送員不用看地圖，因為他在腦海中可以自動描繪地理位置，根本就不必背。

但是現在不一樣，一般餐廳自行僱用的專屬外送員只需知道「要送去的地方」就好，不管去哪都是從同一間餐廳出發。但平臺外送員不僅要掌握「送去的地方」，還要熟悉餐廳的位置，這樣才能評估要不要接單。在接到單後，判斷前往餐廳領餐所需的時間和路徑，這些都是「時間」。再加上料理類型不同（中餐、日式料理、西餐、麵食、飲料等），包裝方式也會有差異，若能進一步掌握餐廳的熱銷餐點會更好。

因此，在沒有訂單的時候，我就在商圈打轉，熟悉可能會成為客戶的餐廳位置。一邊騎車一邊喃喃自語道：「這是『炸雞吃貨』、那間是『六十炸雞』、對面是『八仙豬腳』，那邊是賣餃子飯捲的。」把可能外送的餐廳記熟。於此同時，也看到其他外送員不停出入餐廳，提著裝了餐點的袋子奔走。大家都很忙，只有我閒閒沒事做，繼續喃喃自語：「這裡是『炸雞吃貨』，那邊是『六十炸雞』，那邊是『八仙豬腳』，那裡是餃子飯捲。」

••••

但我花了將近一天的時間，才發現原來自己是個傻子。這部分需要詳細說明。首先，外民的外送員有三種類型。

第一種，由外民直接僱用的正職「外送騎士」。外民會提供摩托車、補貼保險費、油錢、制服等。他們可以拿固定薪資，外送達到一定的量以上就有獎金，也可以看作是一種超時津貼。另外還有週休津貼和年假等福利，是外民的正職員工①。第二種類似外包制，外送員用自己的摩托車，保險也要自己處理。第三種，就是像我這樣的兼職 Connector。

不管是直接僱用的正職員工、外包制、或兼職 Connector，全都是「外送民族的外送員」，都是做一樣的工作。打開外民的APP，左上角會有「美食外送─外民騎士」的選項。在外民APP上會有一般餐廳的「廣告」，那種是純粹宣傳，外送都是餐廳自己看著辦。但是在「美食外送─外民騎士」中所列的餐廳，會支付給外民一五～一六．五%的手續費，由外民負責提供訂購與結算系

① 原註：正確來說，外送民族的騎士是由 Woowa Brother（股）公司的子公司 Woowa Youths 所僱用。

統，派人取餐外送，算是一種全方位的服務。

從「美食外送」這個介紹詞可以得知，外民騎士是將原本沒有外送服務的餐廳引進外送市場，消費者只要在外民的APP上訂購，餐廳只要料理和包裝即可，然後就會由我這種外民騎士或Connector負責配送。站在餐廳的立場，雖然手續費有點貴，但也省了很多事，對一些有意開展外送服務卻有顧慮的餐廳來說，頗值得一試。

但菜鳥如我卻不知道，外民Connector只會接到在「外民騎士」裡的店鋪訂單。而我卻還興沖沖地背誦不會有訂單的炸雞店和豬腳店的位置，這不是傻瓜是什麼呢？我還以為街上那麼多餐廳都是我的客源。總之認清事實後，我打開外民APP，搜尋「外民騎士美食」，依次熟悉裡面列出的餐廳位置。

除了稍早送過的義大利餐廳和麻辣燙店外，還有印度料理、泰國料理、壽司、早午餐、海鮮湯、八爪魚、嫩豆腐、炒年糕、麵包、鬆餅、三明治、手搖飲和咖啡店等多種類型。這些餐廳共享外民訂餐配送系統，鮮少有炸雞店、中餐廳、披薩店，因為他們原本就以外送為主力，多半僱用自己的外送員，或已有長期配合的外送代理服務，這對他們來說更實惠。事實上，外民騎士的外送費確實比一般外送代理服務要高一些。

不管怎樣，至少我還是在一天內明白了外民的外送系統，真是萬幸。現在就正式踩下踏板吧。

一般人如何運用外送民族

做了三天後，開始逐漸習慣外送工作。訂單一進來先按下「接受」，再按下「備餐請求」，在餐廳那一端的應用程式就會響起提示音，這時餐廳才會開始準備餐點。料理時間由餐廳決定，大約五到二十分鐘。在餐廳備餐時間內抵達後，就按下「到店家」的按鈕，在餐點準備好之前等待。有時抵達店家時餐點已經準備好了，相反地也會遇到還要在現場等待更久的狀況。

餐點打包好後，按下「取餐完成」按鈕，再輸入配送所需時間，也是五到二十分鐘，接著便騎上自行車送餐。若顧客沒有其他要求事項，可以按門鈴拿給顧客，若有備註「請放在門前按門鈴」這類訊息就要照辦。配送完成後，再按下「已送達」的按鈕。這就是基本流程。

因為疫情的關係，「零接觸」外送成為時勢所趨。以我個人的經驗，有六〇%的訂單都會要求放在門口即可。零接觸外送省時這一點很好，不然通常是會按門鈴等顧客開門取餐，這樣大概要費時十～三十秒。以大樓來說，花十～三十秒的時間，可能就會錯過電梯。相反地，零接觸外送可以迅速地放下食物按門鈴，在電梯門關上之前搭上電梯下樓。若是錯過電梯會多浪費三～五分鐘。

不過零接觸外送必須格外小心避免「錯誤配送」。直接交給顧客就能「確認」，但零接觸外送因為無法當面確認，所以會有失誤的風險。因此送達前都要再三檢查大樓的棟號，若是單獨住宅或別墅，就要仔細確認路名、門牌號碼。

• • • •

從外送的立場來看，零接觸外送效率較高，但我還是喜歡面對面。有一次接到一間烤腸店的單，我到店家時餐點還在準備中，我在現場等著，香噴噴的烤腸味傳遍街道。大約等了五分鐘，拿到包裝好的餐點。要送的地方並不遠，五分鐘就可以抵達。我把手托在袋子下面，手掌感受到烤腸剛起鍋的溫熱。

到達後按下門鈴，聽到裡面傳來嘈雜的喧囂聲，一對看起來五、六歲左右的兄妹打開了門。

「哇～給我，給我。」

「不要。給我啦。」

看起來只有差一、兩歲的兄妹吵吵鬧鬧，爭相伸手要拿餐點。因為很燙，我把袋子舉高，等他們的父母出來，我很自然地想這烤腸不可能是給這兩個孩子吃的，一定是大人們要吃的。就在兩個孩子吵得不可開交之際，孩子的爸爸走出來拿了餐點。當門輕輕關上的瞬間，從裡面傳出小女孩嗤嗤的笑聲說道：

「那個叔叔太壞了，這個烤腸是我的啦。」

• • • •

送餐時最熱情迎接外送員的就是孩子們。「叮咚」門鈴一響，就會聽到孩子們「噠噠噠」地跑來，興奮地打開門把炒年糕或鬆餅接過去，還不忘笑嘻嘻地說：「謝謝！」看到那些孩子疲勞就消失了。

但我絕對沒有要忽視大人笑容的意思。有一次晚上八點多接到一張單，點了炒年糕、血腸、魚板、炸物等小點心，總共四萬元，目的地是間補習班。我心想應該是學生們點的吧，但抵達時，燈卻是關著的，我有點疑惑地打開門。

「外送。」

「啊，來了，來了。」

有四名看似四十多歲的男子在裡面。因為疫情的關係，補習班暫時停課，看起來是老師們開會時點了外送。他們接下價值四萬元的炒年糕、米腸、炸物和魚板時興奮的表情，至今我還歷歷在目。

還有一次我拿著一人份的嫩豆腐套餐，送到某室內高爾夫球練習場。按照房號找到練習室開門一看，有六、七名看似五十多歲的男子正在打高爾夫球。

「外送民族的來了。」

「喔？這裡，你看吧，我就說外送民族最快。不知道是誰硬說外送民族很慢，堅持另外叫中餐廳的外賣，這下糗了吧。哈哈哈哈。」

看到顧客開心的樣子，我也感到非常欣慰。

送餐時若碰到一樓入口大門鎖著會很麻煩，雖然有人會在訂餐時備註大門密碼，但絕大多數的人還是沒有寫密碼（我也認為不寫密碼是正確的，不告訴別人的才叫「密碼」不是嗎？也絕對不要告訴婆婆），只能在一樓按對講機呼叫，不過送到樓上時顧客往往已在家門外等待。

「你好，辛苦你了。」

「請慢用。」

親切地打過招呼，迅速把還來不及下樓的電梯按住，「原梯」搭到一樓。多麼有效率啊，而那句親切的問候勝過十瓶提神飲料。

外民外送的基本手續費是三千～四千元，雖然店家也會負擔一部分，但整體來說並不便宜，所以訂購金額越高，外送費負擔就越低。若訂五萬元的燉海鮮套餐，外送費三千元還算合理；但若訂八千元的一人份炒年糕套餐（炒年糕＋魚板＋炸物），三千元外送費就是負擔。不過單點一人份的還是不少。

「美食外送－外民騎士」的概念，不是主打炸雞等「宵夜」，而是以「正餐」為主，所以上午十一點到下午二點、下午五點到晚上八點這兩個用餐時段的訂單會蜂擁而至。很多店家晚上九點以後就陸續打烊，所以過了九點之後訂單量會一下子少很多，那個時間我也差不多準備下班（也沒什麼好準備的，只要按下「運行結束」就下班了），這時卻出現一張義大利餐廳的訂單。配送地點與我家是反方向，我考慮了一下要不要接，想到這天晚上賺得不多，於是便決定接下。

餐點是一人份的義大利麵。取餐完成後我踩著自行車前往目的地，就在視野很好的大樓最頂樓，但我沒時間好好看夜景，正準備按下門鈴時，發現門前堆滿了各種網購箱子像小山一樣，而門上貼了一張便條紙。

「因為孩子在睡覺，所以請不要按電鈴，輕輕敲門就好，拜託。如果吵醒孩子會很麻煩的。(哭哭)」

便條紙充滿了懇切，於是我輕輕敲了敲門，非常非常輕，但又怕裡面沒聽見，正當我準備再敲時，門打開了。外民的訂餐APP上不僅可以顯示配送預定時間，還可以顯示外送員的位置，因此客人可以推測何時到達。一位女性打開門很小聲地說「謝謝」並接下餐點，然後再小心翼翼地關上門。

還有一次是一人份的炒年糕，那間店是美食名店，我有時下班也會順便買一份回家吃。我取餐後前往某棟大樓，從電梯出來抵達客人家門前，準備按電鈴時，剛才與我一起搭電梯的男子跟著過來，站在我旁邊說道：

「你是送外送來我們家的吧？」

「啊，是的。」

這時一個抱著小孩的女子打開門，看到一個不認識的男人和認識的男人一起站在門前，有點不知所措。

「喔，你今天比較早下班喔，不是說今天會晚一點嗎？」

「又點外送？還不如乾脆出去吃。」

「又點外送」這話聽在外送員耳裡還真有點傷心，我心裡喃喃自語：「這炒年糕有多美味，先生你真該嚐一嚐，說不定下次、下下次、下下下次『又』點外送。」這時女子高聲說道：

「你以為一個人帶孩子出門吃飯很簡單嗎？」

我將餐點遞出之後立刻逃之夭夭。

很多人都會點「一人份」的餐點。守在體育館的跆拳道教練、巷口服裝店老闆娘、社區醫院夜間值班護士等這些必須獨自堅守工作崗位的人，還有獨自照顧孩子的媽媽。能為他們送上溫熱的餐點，算是久違地在工作中感受到一點點「成就感」。

為三千元賭上性命

我家附近有一間以好吃聞名的辣炒年糕店，由一對夫妻經營了十多年，因為在補習班附近，所以有許多老客人都是從學生時代就開始吃到成年，訂單中的顧客備註事項常出現「我是〇〇，炒米腸記得多幫我加一些豬肝、豬肺喔，呵呵」像這樣的熟客留言，在外民APP上的評論也清一色是稱讚。老闆也很努力回覆留言（在APP中「評價」非常重要）。讓我好奇到底有多好吃，所以還親自買來吃過（配送過程中，會發現幾處「一定要嚐一嚐」的店）。

不過我在送了好幾次後才發現，這間辣炒年糕店不單單只是因為「好吃」才受歡迎，每次我騎著自行車去取餐時，老闆總會跟我小聊一下。

「哎呀，今天天氣那麼熱，一定很辛苦吧。」

「這天氣還好，騎自行車還可以。」

「今天送了很多嗎？你看起來很累的樣子。」

而且每次取了餐騎上自行車時，總會拍拍我的後腦勺說：

「一切小心為上，不要騎太快，注意安全啊。」

顯然老闆夫婦一定是在辣炒年糕裡多放了一味叫「善良」的調味料。

●　●　●　●

聽到我騎自行車外送，人們通常會有三個最好奇的問題。一，會不會很辛苦；二，會不會花較多時間，送到客人手上餐點都冷了；三，會不會很危險。

會不會很辛苦？當然不輕鬆，當然很辛苦，非常的辛苦，我從來不知道原來我們家附近有那麼多上坡路，工作了一個月，還曾因為膝蓋太痛而休息了半個月。不過倒是瘦得很快，一天外送十張單大概就減了一公斤。如果不想花錢去運動，又想邊賺錢邊運動的話，可以試試看成為自行車外送員，是個不錯的選擇。

會不會花較多時間，送到客人手上餐點都冷了？對於以自行車或電動滑板車為交通工具的外送員，系統只會提供半徑二公里以內的訂單，徒步外送員則只會提供半徑一公里以內的訂單②。配送花費的時間最多二十分鐘，我從事外送以來沒有超過二十分鐘過，剛開始因為沒把握，會把預計配送時間輸入二十分鐘，現在二公里的距離差不多輸入十五分鐘就游刃有餘。一公里以內的距離則輸入五～十分鐘，自我挑戰「縮短記錄」。當然，自行車比摩托車慢，不過根據經驗，二公里以內的距離，誤差大概在二～五分鐘以內。

看到這裡，應該有很多讀者持懷疑態度，為什麼點餐時常常要等四～五十分鐘，有時甚至要一個多小時才會送到。這種情況通常是由於訂單積得太多，店家備餐時間太長，或者有時外送員會「夾單」配送。像代送公司③的摩托車快遞，通常一次配送三～五件物品，有時還會多到七、八個裝在一起送。同樣道理，美食外送員有時也會把不同訂單綁在一起配送，因為要到各個店家取餐，再一一送到客人手中，花費的時間相對也會比較多。

② 原註：實際上配送距離超過一、二公里的情況很多，因為外民的系統是以直線距離為標準來畫分。

③ 編註：餐廳會跟這種美食代送公司合作，取代自己送餐。

若「只送一家」，備餐十～十五分鐘，配送也是十～十五分鐘，總共二十～三十分鐘即可送達，因此「酷澎 Eats」就標榜「一次只送一家」，提高外送品質，與同行做出差異化，但是外送費很貴。我當然也做過幾次「夾單」。同一間店兩張單，因此店家可以同時備餐，我再分別送到兩個不同的顧客手中，這樣總花費時間也不會超過二十分鐘。但騎著自行車、背著外送包，裡面再裝三、四份餐點並不輕鬆，現在外民已禁止同時處理三個以上的訂單（夾單配送）。

會不會很危險？騎著自行車在大馬路上奔馳，穿梭在巷弄各個角落，當然危險。我個人在騎自行車時有一個原則。

「絕不跟汽車爭道。」

在馬路上就緊緊靠邊騎，不要隨意超車，避免騎在道路內側，還要小心那些不顧周圍盲目右轉的車輛。因為就算我一點責任都沒有，只要出事了，騎自行車的我肯定會比較慘。自行車一旦發生事故，往往會造成重傷，因此要時刻注意安全。萬萬不可心急。

摩托車更危險，因為會心急想搶快。平時在人行道上行駛的摩托車、橫越斑馬線的摩托車、在車陣中鑽來鑽去的摩托車外送員，經常引起民眾反感。因為我自己跑外送，所以特別留意觀察他們的行為。

交通號誌變成紅燈，車輛魚貫停下，摩托車外送員就會在車輛之間鑽來鑽去騎到最前面。為了方便在車陣中穿梭，他們把後視鏡轉向或乾脆直接拆掉。在某些大馬路口停等紅燈時，常會看到各家代理配送公司的摩托車，在停等線前排成一整排，就像是代理配送公司的博覽會一樣。偶爾看到「Vroong」、「barogo」、「如你所願」、「Pro」等四大快遞公司的快遞員在路口齊聚一堂時，心裡會忍不住吶喊「Bingo!」有一種完成大滿貫的感覺，還會暗地裡猜哪一家的快遞員會最先啟動。

「應該是『如你所願』會先出發。」

「那個人最近還蠻常看到的，一定是『Pro』的。」

「突破」是快遞之間違反交通號誌的暗語。能預測交通號誌轉換時機並領先啟動出發的就是高手。只要看到對向停等線上的車輛稍微有點動靜，就會抓準時間像閃電一般飛馳出去。為了三千元賭上性命。

每月四五〇萬元的假象

在外送員和快遞騎士之間很受歡迎的摩托車之一就是「本田PCX 125型」機車。原本外送摩托車的代名詞是韓國國產的「大林 Citi100」，它被廣泛應用於配送業，還有人稱之為「中餐廳機車」、「郵局機車」。甚至有人說大林Citi100是「只要聞到汽油味就能跑」，省油又耐用。

但是在外送的世界裡，Citi 卻不怎麼受青睞，反而是PCX更受歡迎。Citi系列的摩托車排氣量多為九十八～一百 C.C.，PCX為一二五 C.C.，顯然更有力，加上PCX是無段自動變速，就憑這兩個原因，啟動時的瞬間爆發力便有很大的差異。換句話說，PCX在靜止狀態中，一加速馬上就可以如子彈一般揚長而去，像這種車在停等紅綠燈時才有優勢。最近在路上常看到的山葉NMAX也是與PCX類似的車型和性能，並採用了ABS防鎖死煞車系統，因此很受歡迎。好東西當然是貴的，一百 C.C. 級的摩托車要價一八〇萬元就可以買到，而PCX和NMAX一輛都要超過四百萬元。

但比摩托車更貴的是保險。摩托車保險大致可以分成三類。家用、無償運輸、有償運輸。家用型就像普通汽車保險一樣，只是個人上下班或日常目的使用的摩托車保險。無償運輸通常是直接僱用外送員送餐的中餐館或炸雞店會保的保險，因為只送自己店家的東西，事故率比較低。而收取配送手續費，並處理不只一間店家外送服務的代理配送公司，則必須加入有償運輸保險。這個保費很貴。

有償運輸保險分為責任險和綜合險。責任險是只承擔最起碼責任的保險。如果發生事故，實際上外送員都要自行賠償。綜合險有比較多保障，物品也可以投保到一～二億元。責任險、綜合險都不便宜，但綜合險貴得多。到底有多貴，簡直讓人瞠目結舌。我有一輛中型的國產車，每年繳納的汽車保險費從未超過六〇萬元。因為好奇用摩托車跑代理配送要投保多少錢，所以請保險公司報價。結果有償運輸的綜合險，保費需二七〇萬元。若只保責任險也要一七〇萬元。這還是我年過四十、投保經歷長、事故不多的條件下得到的報價。年齡

快遞員界的最佳代步工具「本田PCX 125型」機車，一臺要價
超過四百萬元。性能好、燃油效率高，所以很受歡迎。
聽說蒙古騎兵在戰場上都坐在馬背上休息，不屬於任何餐廳的
隨機配送的外送員們，也多在摩托車上休息。

越小保費就越高。據說二十歲出頭的話，會超過一千萬元。駕駛一輛價值四百萬元的摩托車，必須繳納法拉利（Ferrari）或藍寶堅尼（Lamborghini）④等級的保險費（當然，如果用法拉利或藍寶堅尼外送，保險費將超過一億元）。

有人說「這保險費根本就是搶劫！」但保險公司也有話要說。投保家用保險的摩托車事故率為五．二%左右，有償運輸配送的摩托車事故率達到八一．九%[1]。也就是說，大部分摩托車一年內平均會發生事故一次（無償運輸保險的事故率為一八%）。摩托車事故一旦發生，通常都會賠很大，根據保險業界人士表示，有償運輸保險的賠付率達到一五〇%（家用和無償運輸的賠付率為八二~八五%）[2]。從保險公司的立場來看，是不想賣的保險（但不管怎麼說，會銷售是因為有市場需求，也可以維持保險公司的市占率）。

• • • •

拿出計算機算一下吧。為了當代理配送的外送員，需要花四百萬元購買摩托車，花三百萬元加入保險，所以得先準備七百萬元的資金。在工作期間還要花油錢（車子的燃油消耗率每公升四十公里左右就很好了），還有更換機油、輪胎等維修費用。也就是說，每年至少需要八百萬元的摩托車維護費。即使是一臺一八〇萬的摩托車，也要先準備六百萬元。如果是二十歲出頭的年輕人，保險費很難低於一千萬元。

因此，一般的代送公司都會以租賃或借用的方式提供摩托車，費用中包括摩托車租賃費、保險費、修理費等。關鍵還是保險費。如果年輕，保險費就會較高；如果年齡大，保險費相對會較少。費用單價以一天為單位，一般行情為二～三萬五千元。

再回到計算機上，假設一個月工作二十五天（除了正職外送員以外，在送貨代理世界裡，幾乎沒有每週只工作五天的），每天的租賃費為三萬元，那麼光是租賃費，一個月就要七五萬元。車子還要加油，雖然油錢會隨著配送的頻率而不同，但一個月一五萬元左右是跑不掉的。這樣算下來，一個月最基本的支出就要九〇萬元。那麼收入要多少才好呢？雖然外送費根據距離和訂單多少略

④ 編註：法拉利與藍寶堅尼都是義大利的頂級跑車製造商。

有不同，但大部分都是一件三千元。如果一天做三十幾件，一天收入一〇萬元左右，一個月（二十五天）就是二五〇萬元。扣除九〇萬元的固定費用，一個月實際拿到一六〇萬元。

一週不只工作五天，假日也沒有加班費，賣力工作二十五天還只領一六〇萬元，這樣連最低薪資的門檻都達不到。如果要做代送公司快遞，每天則是至少要送五十件訂單，一天就有一八萬元（包括長距離的補貼），一個月才能有四五〇萬元的收入。再扣除一百萬元的固定費用（油費、追加維修費），可以賺三五〇萬元。

• • • •

經常可以看到代送公司貼出「月收入四五〇萬元」的廣告。實際上真的有人可以賺那麼多，但那是每次都遵守信號，保持一定的車距，不違規行駛在人行道上，不夾單配送，謹守安全就能賺到的嗎？專門送貨的快遞從上午十點到十一點出來工作，直到晚上十一、二點才下班。並非一天工作十二、三個小時都不休息，外送也有尖峰和離峰時間。上午十一點到下午二點是午餐配送尖峰，下午五點到晚上八點是晚餐配送尖峰，晚上八點到十一點是像炸雞或豬腳等宵夜配送的尖峰。

若高峰時段是每天八小時，處理五十件以上，即每小時要處理六件。若不夾單配送就無法達成。另外為了配送五十件，必須去訂單夠多的地區或幾乎沒有其他外送員競爭的地方。但沒有競爭的地方怎麼會有訂單？想賺錢，就必須在訂單多的地方工作，而訂單多的地方外送員也多，所以搶單非常激烈。因此會在行駛中，一邊看著安裝在龍頭上的手機一直抓單，這是最危險的。

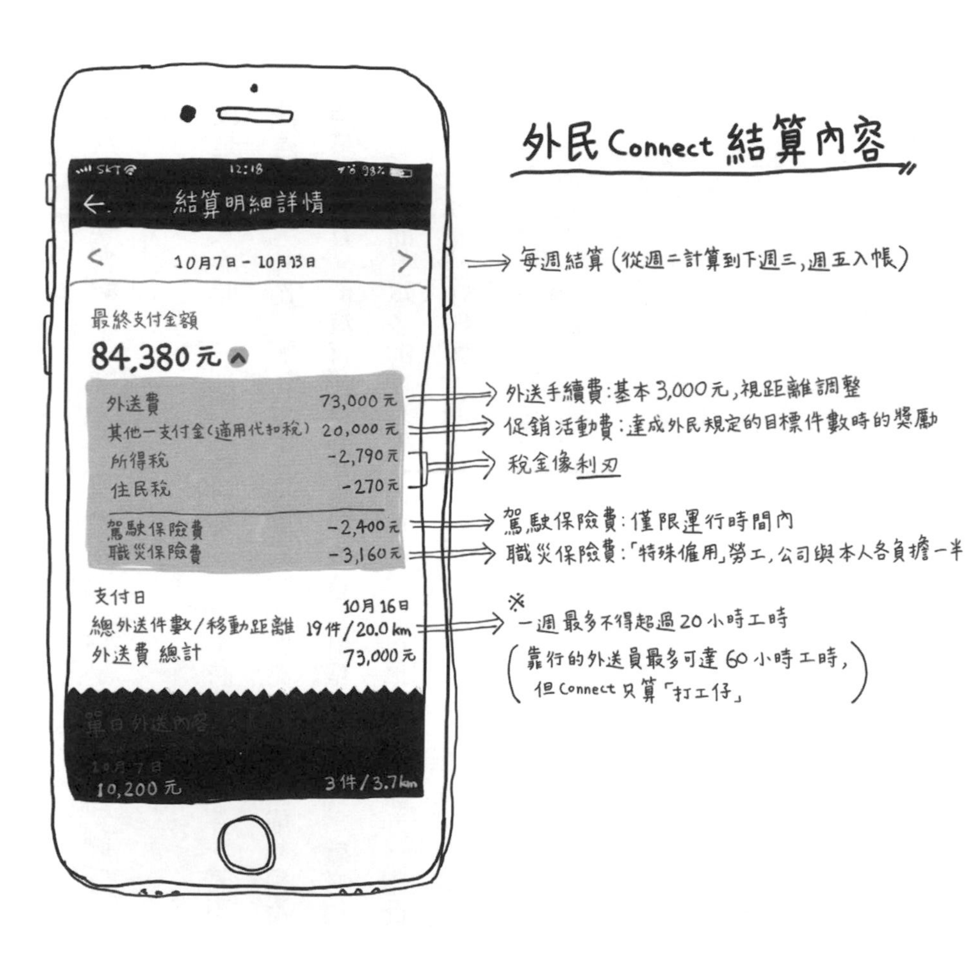

外民Connect結算內容
SKT
12:18
98%
結算明細詳情
10月7日－10月13日
最終支付金額
84,380元
外送費 73,000元
其他一支付金(適用代扣稅) 20,000元
所得稅 -2,790元
住民稅 -270元
駕駛保險費 -2,400元
職災保險費 -3,160元
支付日 10月16日
總外送件數/移動距離 19件/20.0km
外送費 總計 73,000元
單日外送內容
10月7日
10,200元 3件/3.7km
每週結算(從週二計算到下週三，週五入帳)
外送手續費：基本3,000元，視距離調整
促銷活動費：達成外民規定的目標件數時的獎勵
稅金像利刃
駕駛保險費：僅限運行時間內
職災保險費：「特殊僱用」勞工，公司與本人各負擔一半
※一週最多不得超過20小時工時
(靠行的外送員最多可達60小時工時，
但Connect只算「打工仔」)

不能安全配送嗎？

二〇一一年，韓國達美樂披薩的「三十分鐘保證送達」曾引發社會爭議。他們標榜在訂購後三十分鐘內未送達的話，一份披薩就減免二千元；四十五分鐘內沒有送達，就不收錢。達美樂披薩的電話號碼「一五七七三〇八二」，也隱含了「三十分鐘內快速送達」的意義⑤。

外送摩托車事故接連發生，開始引起輿論關注。特別是二十歲出頭，甚至十七、八歲的青少年，在外送過程中發生事故死亡的案例頻頻發生，成為嚴重的社會問題。「慢點來也沒關係，請安全配送」的要求接連不斷，因此標榜快速送達的達美樂披薩，不得不廢除三十分鐘送達的保證。顧客都說可以慢慢來，那麼達美樂披薩也沒有必要堅持三十分鐘送到家。

⑤ 譯註：韓文數字八二的讀音與「快速」（빨리）相似。

但是三十分鐘送達的保證，真的完全是為了顧客提供的服務嗎？我不這麼認為。之所以可以實行三十分鐘的送達保證制，是因為披薩的製作時間需要十五分鐘，配送大概需要五～十五分鐘。

通常披薩外送的尖峰時間在晚上六點到九點之間，外送員來回一趟大概要十～三十分鐘。外送員在尖峰時間內盡可能多跑幾趟，才能迅速消化訂單。如果客人聽到「訂單太多，可能要等一個小時」的答覆，若不是這家披薩非常好吃，通常取消訂單的機率很高。因此三十分鐘送達保證不僅是為了讓顧客滿意，也是為了約束外送員配送的時間。

• • • •

當年因達美樂披薩爭議而出現了「即使晚一點，也要安全送達」的口號，時隔十年，這句口號在二〇二〇年再現，因為外送摩托車交通事故劇增。過去五年間，普通汽車的交通事故件數和死亡人數持續減少中，二〇一六年交通事故死亡人數為四二九二人，二〇一九年減低到三三四九人，少了二二%左右。但是摩托車事故卻持續增加，死亡人數也越來越多。

二〇一九年一～四月，因摩托車事故死亡的有一〇七人。二〇二〇年一～四月有一二三人死亡[3]，增加了一五%。整體交通事故死亡人數正在減少中，但摩托車事故死亡人數卻逐年增加，這並不是因為摩托車性能突然變差或駕駛者變得比以往更加粗暴、追求速度的快感所造成的，而是因為外民、Yogiyo等外送平臺迅速成長連帶造成的影響，尤其因為新冠疫情嚴重，點外送的人激增。二〇一九年三月，外送市場規模為六三四九億元，二〇二〇年三月達到一兆一八五八億元，激增了八四%[4]。代理配送的快遞公司外送員大部分都屬「自營業者」，因此很難掌握準確數字。以二〇二〇年六月為基準，約有十萬多人在跑外送，其中二萬多人左右是全職工作，其餘八萬多人都是「斜槓」⑥[5]。

●●●●

隨著外送員人數劇增，為了拿到更多的訂單，難免展開速度競爭，也因此

---

⑥ 編註：斜槓的原文是slash，也就是「／」，當某人有兩份以上的職業，向他人介紹自己時通常會以「姓名，職業一／職業二」來呈現，所以斜槓意指擁有多重職業者。

增加事故發生的頻率和死亡率。在民眾及輿論掀起議論後，政府也開始進行管制，但實際上要管制摩托車並非易事。在我們這個行政區有個交通量特別大的十字路口，因為是附近三個商圈的交會處，所以交通量很大。而外送員喜歡停留在這裡等訂單，因為可以接三個商圈的單，移動也很方便。

在這裡等單時，經常會看到警察在抓違規，幾乎每五分鐘就有一臺車被攔下，大部分都是走直行車道卻左轉的車輛，可是喜歡搶快的外送員卻一個也沒有被攔下。因為眼尖的外送員看到警察在，都會乖乖地等號誌轉換才啟動。當然還是有一些勇敢過頭的外送員無視警察的存在，在號誌轉換前搶先駛出，原本想左轉，但發現有警察而只好直行，逃過一劫。有一次我問警察：

「為什麼不管制摩托車？」

「很難管啊。如果是未戴安全帽，他們比較難脫身，但有的硬說沒有闖紅燈或不是要違規左轉什麼的，就很累人了。而且最重要的是事故危險性很高，很多摩托車是在逃跑時發生事故的。所以我們有個原則，若摩托車逃跑的話盡量不追車，用其他方法抓人。」

外送員的「弱勢」，也是警察對外送摩托車遊走法規邊緣，會比較人性化處理的原因之一。外送員一天賺個五～七萬元，一旦被抓、被罰錢，那麼整天的薪水就全飛了，所以警察多少都會網開一面。但是隨著事故率增加，加上大眾輿論有不良觀感，警察也只得採取特別措施，也就是「市民監督團」。現在汽車普遍裝有行車紀錄器，鏡頭的解析度提高，連手掌大小的摩托車車牌也能清楚識別。因此警方推行由民眾提供行車紀錄器來檢舉違反交通法規者，一經查證屬實就給予檢舉獎金。

雖然特別措施的效果還需要進一步觀察，但在警方宣布這項措施後，外送員們開始小心翼翼，有些外送員還開玩笑說：「乾脆別跑外送，拿檢舉獎金說不定賺得更多呢。」

但我認為這項措施的效果不會持續太久。因為外送員們想「突破」交通號誌、疾馳在人行道上的慾望並未消失。一旦管制鬆懈，外送員隨時又會重新在街頭上演各種飛車特技，因為這與他們的生計息息相關。

● ● ● ●

最近市民意識提高，晚一點送達也很少接到顧客抱怨。無論是用APP訂餐，還是打電話訂購，都會提前告知預定送達時間。如果需要四十分鐘，那麼顧客可以先洗澡、洗碗、打掃家裡，悠閒地等待餐點到來。如果需要一小時，那麼顧客可能先出門買東西再回來都來得及。如果需要等超過一小時，那麼顧客可以直接放棄，改訂其他可以早點送到的餐點。一般訂購後取消，通常是因為未在預定時間送達，讓顧客等太久的關係。只要事先告知確切需要的時間，通常消費者都會做好等待的準備。

外送員在街頭上演飛車特技，主要不是為了「更快」配送，而是為了配送「更多」，因為多送一件，就能多拿一筆手續費。所以為了能送更多，只能減少停等紅綠燈的時間，或逆向行駛，甚至騎上人行道來抄捷徑，在奔馳中還要不時查看手機接單，只有這樣才能賺更多。這也就是許多「自營」外送員無法停止奔馳的理由。

幾乎什麼都可以送

送貨時經常會碰到其他外送員。一次在義大利餐館等出餐，遇到一個看似四十多歲的女外送員。她先跟我搭話。

「你做多久了？」

「一個月。妳做多久了？」

「算起來大概有八個月了。」

「是嗎？可是我好像從來沒見過妳。」

「我有休息一陣子，最近才又開始跑外送，一直到去年為止賺得都還好，每一單最少有五千元，但是今年開始促銷活動費沒了，送一件只賺三千、三千五，連最低時薪的標準都無法達到。」

「那倒是。」

「一週的工時也減少為二十小時，如此一來，一星期要賺一五萬元變得很困難。外民改變政策後，Connector們不是嚷著要集體出走嗎。今年初鬧得沸沸揚揚，因為手續費降低，不少Connector都不做了，不然就是在網路上抗議。」

「啊，是嗎？」

「是啊，你可以上網去Connector的社團看看，我為了跑外送，自己花了八〇萬買了臺電動自行車，當然要把本錢拿回來啊。」

「騎電動自行車很方便吧。」

「方便多了，尤其是上坡路。我原本跑首爾的江西區⑦，那裡不是很多上坡路嗎？實在太辛苦了，屁股都快裂開了，所以就狠下心買了電動自行車。如果有興趣的話，可以去〇〇車行看看。那間店的老闆很專業，他會幫你挑一臺好車，如果想買電動自行車建議買一二〇萬的，八〇萬的電池有點弱，騎半天就要充電。」

「好。謝謝。」

「還有如果真想賺錢，不要只在這個社區裡，到首爾市中心去跑一跑吧。

那裡單比較多，選擇也比較多。訂單目錄列表一出來，好單會多到讓你有選擇困難。還有如果可以，就別做外民了，去做『酷澎 Eats』吧。酷澎 Eats 規定一次只能送一單，不能夾單，但是一單手續費有五~七千元。聽說如果遇到下大雨訂單爆多的狀況，甚至還會加到二萬元。反正騎自行車跑外送，在外民要夾單本來就很困難，以手續費來看，酷澎 Eats 比較好。」

「酷澎 Eats？」

「是啊，不過現在只有首爾市內才有。你還有做其他工作嗎？」

「沒有。」

「那只靠外送過活會有點困難，還不如去跑其他代理配送，就像快遞啊。一單三千的樣子，不過一次可以送四、五件。聽說一天再怎麼差，也能接到三十件。不過保險費什麼的東扣西扣，好像也剩沒多少。」

「是啊。」

---

⑦ 編註：首爾市內最西邊的區，位於漢江以南，區內有金浦機場。

「我的餐出來了，我得先走了，辛苦啦。」

就這樣，「前輩」留下諄諄教誨後，就咻地一下離開了。

● ● ● ●

酷澎也進入了美食外送的市場。一向喜歡「火箭配送」、「火箭WOW」、「火箭Fresh」等讓人印象深刻標語的酷澎，這回提出了「獵豹配送」的口號。獵豹？就是快的意思，難道是要重啟當年達美樂三十分鐘送達的速度戰爭嗎？

酷澎投入美食外送市場，直接訴求改善最讓顧客不滿意的點，就是「一家配送」。配送會延遲的原因通常是外送員一次到數家店取餐，然後再分送給數戶人家，這中間繞來繞去就會擔誤時間，為了改善這種狀況，酷澎主打外送員一次只取一份餐送到一戶人家。這樣一來，備餐抓十五分鐘、配送十五分鐘，那麼顧客從點餐到收到餐點，可以在三十分鐘以內完成。但這種方式的代價就是外送費上漲。酷澎 Eats 的外送費單價定為五~七千元。

如此一來，顧客和餐廳要負擔的費用不就變多了嗎？於是初期酷澎為了搶市占率，自行吸收多出來的費用。酷澎的特長就是承受初期赤字，先提高市占率、提高銷售量。一旦市占率成長到一定程度，就能制定出提高收益的方案。酷澎還推出「酷澎 Money」的行動支付，這是構建酷澎生態系統的戰略。

只要手續費有保障，對外送員來說，酷澎 Eats 是受歡迎的選擇。比起一趟要跑三、四家餐廳取餐，再送到三、四戶人家，一次只取一份餐、送一戶人家更便利安全。過去在做捆綁配送時，總是對最後一戶的客人感到抱歉。進行夾單配送時會依路線順序送餐，如果最早訂餐的客人不幸被排在配送路線的最後一戶，也是無可奈何。酷澎 Eats 的做法可以減輕外送員的心理壓力。

問題是消費者及餐廳所願意負擔的「外送費」標準在哪裡。最初開始出現代理配送一行時，配送的手續費從二千元上漲到二千五百元，然後很快就變成三千元。中餐廳、披薩店、炸雞店等原本就有外送的店家，不會另外收取外送費（當然可能變相加在餐費裡），相較之下代理配送的費用就引起消費者不滿。消費者認為有代理配送，店家就不必另外僱用外送員、購置摩托車，這樣是不是應該降低餐點價格，不該收取外送費。

然而有些店家自行僱用外送員，並未與平臺合作，卻也開始額外收取二千元的外送費。他們的理由是因為外送平臺興起，讓他們很難找到外送員。之前請一個外送員，月薪約二百～二五〇萬元，但在外送平臺興起之後，許多實力好、有經驗的外送員都加入外送平臺，店家要找個可靠的外送員得提出三百萬元以上的月薪才行（有的炸雞店老闆乾脆把店鋪收起來或交給別人，自己加入外送平臺當外送員）。

因為成本增加，如果不能提高餐費，至少也要另外收取外送費。再加上外送平臺興起，原本沒有外送的店家也加入外送行列，這些店家都向消費者收取外送費，所以那些自行外送的店家收取外送費也不為過。而且與外送平臺合作的店家也要支付費用給平臺，所以老闆們也不是沒有怨言。

站在餐廳的立場，如果直接僱用外送員，以月薪二五〇萬元計算，每天的配送費約一〇～一二萬元左右。如果一天有三、四十件外送訂單，自己僱用外送員比較划算；但如果沒那麼多，還不如與外送平臺合作。隨著外送店家的增加，餐飲市場競爭也更加激烈，一家店每天要達成三十張外送訂單並不容易。而且如果訂單增多，相對地就要僱用更多外送員，因此對店家來說，當然是與外送平臺合作比較有利。

• • • •

外送市場正持續快速成長中，先看看現有的購物模式。開車穿過堵塞的道路，在廣闊的超市停車場轉一圈，好不容易停好車，進賣場買了滿滿的東西裝上後車廂回家。回到家有車位還好，沒車位就得尋尋覓覓，又是好不容易才停好車，再雙手捧滿東西回到家裡。取代這種麻煩，現代人已經習慣只在手機螢幕上點擊幾次，從沉重的礦泉水到一件T恤，都會有人直接送到家門口。美食外送的興起，也讓人們逐漸習慣炸醬麵、炸雞、披薩、炒小章魚、海鮮燉飯、義大利麵和辣炒年糕都能外送，連外送的包裝技術也隨之進化，料理配方也配合外送的模式發展。

在這當中，另外一個市場也在急速成長。外送民族開設了「B超市」，像是蝦餅、冰淇淋、洗髮精等以前在社區超市就買得到的生活用品，現在都可以配送。買一包一千二百元的蝦餅，或許有人會覺得用不著配送，但若東揀西揀、林林總總加起來超過一萬元，就會覺得配送合理。另外，方便的即食冷凍食品已不再只有水餃，現在推出義大利焗飯、玉米煎餅、各式炒飯、冷麵等多樣選擇，還有各種小菜拼盤組合，從開胃菜到主菜、甜點等，幾乎可以自己組成一份套餐。

收購外送民族後橫掃韓國外送平臺市場的德國企業「快遞英雄」（Delivery Hero），早已在德國營運「D超市」，計畫透過旗下另一個外送平臺「Yogiyo」在韓國設立「YO超市」。另外，由便利商店起家的 GS25、CU，也擴大商品配送服務。現在正是外送的時代，商品訂購越來越多樣化，外送員人數也持續成長中。

外送機器人不會寫留言簿

晚上九點多正想下班時，APP裡有訂單進來。是鬆餅店，配送地點是醫院。這不是一張「好單」，因為鬆餅的料理時間比一般料理久，除了烤，還要按照顧客的指示放上各種配料、裝飾，需要相當長的時間。有一次，在現場看著店家在塗滿鮮奶油的鬆餅上一片一片地擺放草莓切片，我在一旁心裡都快急死了。還要擔心鬆餅上擺得漂漂亮亮的配料，在移動過程中會弄亂；鮮奶油或果醬會隨著時間滲到鬆餅內，一旦外送時間拖太長，鬆餅會變得潮溼，影響口感。冰淇淋鬆餅更是外送員的惡夢。

顧客在訂購鬆餅時，一般會同時訂購咖啡等飲品，那也是另一種讓人費心的外送品項。這張單果然是冰淇淋鬆餅，雖然配送地點的醫院與我下班回家的方向相反，但還是先接單。

•
•
•
•

醫院並不遠，我以最快的速度抵達，顧客在訂單上備註：「到醫院門口請先打電話。」於是我按照指示撥了電話。

「鈴鈴鈴鈴，鈴鈴鈴鈴鈴……」

「您撥的電話無人接聽……」

我再撥一次。

「鈴鈴鈴鈴，鈴鈴鈴鈴鈴……」

「您撥的電話無人接聽……」

我又撥一次。

「鈴鈴鈴鈴，鈴鈴鈴鈴鈴……」

「您撥的電話無人接聽……」

雖然很想聯絡外民客服中心說「顧客不在」，但一想到正在外送包裡融化的冰淇淋鬆餅和冰咖啡，想想還是先不要，反正打給客服也是叫我把東西放著，他們會聯絡客人，那還不如我自己繼續聯絡，說不定可以聯絡上。

我仔細看了一下配送地址，是醫院的加護病房。要去加護病房嗎？去那裡大喊：「請問是誰訂了鬆餅？」之前有過類似的經驗，那次外送到學校去，配送地址註明在五樓五年級教師研究室，但上去一個人也沒有，撥電話也沒接，我只好站在五樓走廊大喊：「請問是誰訂義大利麵？」（學校當時因為疫情的關係而停課了）。這時教室的門一一打開，老師一個個探頭出來：「哎呀，這麼快就來了，真不好意思。」

但現在是醫院，我當然不可能那樣大喊，這是有收治新冠肺炎確診患者的醫院，從入口開始設置了三重的防疫路障。我測量體溫、寫問卷，穿過路障進入大廳。大廳服務臺坐著夜間值班的警衛。

「我要外送鬆餅到加護病房，原本要我到門口打電話聯絡，但客人沒有接電話，可不可以請您幫忙聯絡一下？」

親切的警衛打電話到加護病房找尋訂餐的人（原來是護理師），然後要我把東西放著，警衛會幫忙送到加護病房。

當時雖然有點緊張，但心裡還是覺得很滿足。能夠在冰淇淋融化前，將鬆餅交給那些因為疫情而在隔離病房照顧患者，連飯也沒辦法好好吃，有家回不得的護理師們，真是太好了。感覺我也在這個艱難的時代做了一些貢獻？

●●●●

外送難度最高的，要算是高層大樓或保安管制嚴格的地方。不是身體上的疲累，而是通常會花很長的時間。在高層大樓等電梯的時間很長，錯過一部往往要再等五～十分鐘，好不容易搭上電梯卻每層樓都停。有時還會遇到同行，「CJ大韓通運」從十四樓進來，到了十二樓門一開，「Barogo」也進來，九樓等著的是「如你所願」的配送員，到了六樓則是「酷澎Man」。

正職的外送員通常盯著樓層顯示螢幕看，代理配送公司的配送員則是盯著手機抓訂單。大家的心裡都急得如同熱鍋上的螞蟻，焦急的程度讓人在電梯裡似乎能聽見「咚咚咚咚」的心跳聲。而這時在十八樓，或許有個外民Connector一邊苦等遲遲不來的電梯，一邊苦惱著「要不要走樓梯」。

和醫院一樣，許多辦公大樓也不能隨便進入，通常會在大廳打電話等顧客下來拿。因為防疫的關係，許多原本未禁止外部人員出入的辦公大樓，現在也有了門禁。如果顧客像子彈一樣衝下來取餐，外送員會很感激，但這種情況少之又少。因為一般點外送的時間都是用餐時間，電梯更難等，這時就會希望能盡早聯絡到顧客。

• • • •

因此「機器人」便登場了。外民推出可以在大樓內送餐的機器人「Dilly」（是 delivery〔配送〕與 delicious〔美味〕的組合）。先由人類外送員將餐點交給大廳的送餐機器人，機器人會自動送去給訂購者。對外送員來說，送餐機器人是值得感謝的存在。高樓層或門禁森嚴的大樓，會耗掉很多配送時間，如果能縮短在大樓內停留的時間，就能提高配送效率。外民預估有了機器人加入，「配送時間將縮短三〇%左右。」[6]

當然，機器人不可能打開電源就能馬上進行配送。「Dilly」機器人必須與「Dilly tower」系統一起安裝。目前電梯或電動門按鈕還是要由人來按，機器人還無法按按鈕。若要讓機器人操作電梯和電動門，就必須置換成能與機器人連動的系統，安裝費用很高。另外，如果機器人的數量不足，訂單一多會造成外送員擠在大廳等待機器人的狀況。現在看來還有很多難題要克服，但如果機器人配送系統的優越性得到確認，勢必會迅速發展。

●●●●

目前看來，機器人能是外送員的幫手，但很快便會威脅到外送員的工作。例如很多大樓內部就有餐廳或咖啡廳，若在同一棟大樓內配送，就不需要外送員，可以完全由機器人來配送。

舉例來說，在三十五樓辦公室工作的A決定中午吃沙拉，如果去地下二樓的沙拉專賣店內用，一份一萬元；打包帶走便宜一點，只要八千元。但想到要擠電梯下去還是嫌麻煩，所以用APP訂外送，加上外送費要一萬二千元。如果有了配送機器人，可以省去外送費，只要一萬元。A會怎麼選呢？

「Dilly tower」的「Dilly」機器人將掌握大樓內的配送作業。目前已經有飯店引進機器人投入服務，處理建築物內的配送，例如萬豪（Marriott）酒店的機器人「Cobot」，不僅能協助客房服務，將毛巾、牙膏、香皂等盥洗用品及餐點送到指定客房，還可以幫客人前往便利商店拿取預先用手機訂購的雨傘、零食等商品[7]。LG電子在梅菲爾德（Mayfield）飯店推出了可以「室外配送」的機器人。雖然目前只在飯店的範圍內服務，但計畫擴張到大學校園、大樓社區、遊樂園等。

在部分住宅特區內還開始試辦機器人配送服務。外民開發的「Dilly Drive」機器人，雖然不能走樓梯或搭電梯，但可以在住宅區一樓商店街代客取餐，再送到住宅大樓的一樓，自動發出訊息通知顧客前來取餐。目前先從較具規模的社區大樓開始，再逐步擴大。LG電子表示，單純的服務就交給機器人，而人將負責更精細的工作[8]。但是時薪八五九〇元的兼職服務人員將工作交給機器人後，是否就能成為年薪三千萬元的飯店經理呢？因機器人而失去工作的飯店職員，或許再也回不去了。

比想像中還會思考的AI

外民引進了「AI配置」系統。之前在外送員APP上出現訂單目錄後，是由外送員自行評估備餐及配送時間來決定要不要接單。若決定接單，就按下「備餐請求」，餐廳接到指令就會開始準備，外送員到餐廳取餐後再輸入預計配送時間並進行配送。

在這套流程中按下「備餐請求」的時機非常重要。若餐廳的註解表示備餐需要十五分鐘，外送員就要在到達餐廳前十五分鐘按下「備餐請求」，餐廳那端的鈴才會響起，並開始準備餐點。所以外送員在工作時有很多事情要思考。

但是引進AI配置後，外送員只需決定要不要接單。AI會根據外送員的位置、路線，計算預計到達餐廳的時間，適時通知餐廳開始備餐。外送員到達餐廳取餐後，AI也會自動計算到達目的地所需的時間。

AI還會整合出可以「捆綁配送」的訂單，規畫出最佳路線交給合適的外送員配送。一言以蔽之，有了AI之後，外送員就不用思考，只要選擇接受或拒絕，決定「Yes」或「No」就可以了。

●●●

改為AI配置後，外送工作變得很便利，收入也增加了。之前也有過「推薦訂單」，但若只接推薦訂單實在很難生存，因為有的外送員不會考慮這個單好不好，不管配送所需的時間、路線、餐點種類，只要有單就接。對於像我這種考慮得比較多的外送員來說，AI配置提供了更舒適的工作環境，但對無單不接的外送員而言，可能就會少了很多單。

在踩著踏板外送的路上、等著電梯的同時，我不禁思考這份工作究竟會不會被機器人取代。或許現在還差得遠吧，因為在速度方面，機器人仍趕不上人類。外送店家若在二樓或地下室，必須坐電梯的機器人，就比不上可以在樓梯狂奔的人類。在馬路上也一樣，機器人的速度或許可以達到徒步外送的程度，但仍難趕上時速十五～二十五公里的自行車、電動滑板車，更別提時速四十～六十公里的摩托車了。

想像一下，無人駕駛的配送機器人以時速五十公里的速度在公路上疾馳，感覺有點可怕，更何況這還有法律問題。另外，機器人面對各種突發狀況的應變能力也比人類差。在捆綁配送時，如何制定最好的路線、對巷弄小徑的熟悉度、在電梯和樓梯之間能當機立斷做出選擇、處理不規則形狀的食物包裝等，這些仍是經驗豐富的外送員占優勢。

• • • •

但是更進一步想，機器人沒有什麼做不到的。二〇二〇年六月，韓國便利商店 GS25 在濟州島⑧進行無人機宅配演示[9]。無人機配送先在偏遠山區發展的可能性較高，因為像電線杆等阻礙飛行的障礙物相對較少，住家周圍空曠也很適合無人機起降及放置貨品。因為走「空運」，速度自然比較快。在市中心也可以。只要指定無人機站點（spot）即可。

例如，商店街二樓的餐廳備餐完成後，交給建築物內的配送機器人，機器

---

⑧ 編註：位於韓國西南方的島嶼。

你是外送員的夥伴？

還是敵人？

人再將餐點送到頂樓的無人機站點。無人機來這裡取餐，再運到另一棟大樓的頂樓，在那裡配送機器人已經待命中，接下餐點後就可以送到該大樓的顧客手中。像這樣，依照不同的階段搭配各司其職的不同機器人，要順利完成配送並非不可能。美國亞馬遜已經完成無人機配送系統，並取得航空局的許可[10]。

同樣地，在地面也可以使用自動駕駛的機器人。不是像電影《星際大戰》（*Star Wars*）中長得像罐頭、咕嚕嚕滾動的 R2-D2，也不是有著像人一樣的胳膊和腿、走路搖搖晃晃、會發出嘎吱聲的 C-3PO。而是像一般汽車一樣，能載著餐點移動。就如同無人機配送系統，依照不同階段搭配不同功能的機器人。大樓內的配送機器人從餐廳取餐後，送到自動駕駛機器人配送點，自動駕駛機器人再將餐點運送到指定地，交給大樓內的配送機器人走完「最後一哩路」完成配送。而在這段路程上，中間階段的機器人則發揮了「幹線」的作用。

這種「里程分割」配送的變革已在快遞業界出現了，以社區大樓為例，快遞員在社區內的特定地點放置物品，接著就由住在附近的退休老人、全職主婦、青少年，以打工方式進行最後一哩路的配送。

〈亞馬遜無人機配送概念圖〉

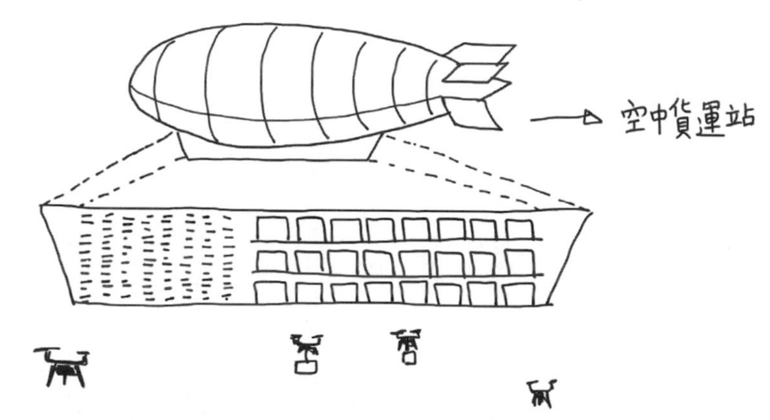

※全自動系統

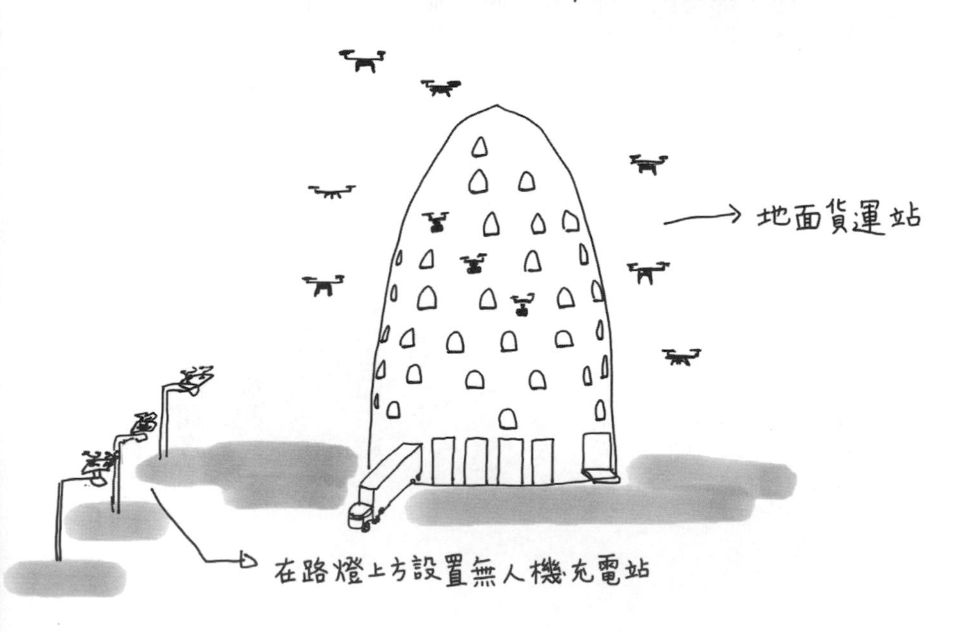

• • • •

不只汽車公司，優步（Uber）和谷歌（Google）等IT企業也投入開發自動駕駛汽車。自動駕駛第三和第五階段的技術發展也相當快速⑨。有人說，現在只剩下決定「要不要讓人開車」一事了。也就是說，制度障礙不亞於技術障礙，特別是作為自駕車先驅的特斯拉（Tesla），已發生過幾次自駕車造成的死亡事故，於是有人提出倫理問題，「怎麼能把人當作自駕車的實驗對象呢？」

由此看來，最適合自駕車商用化的就是物流業。人不上車，對人命事故的負擔較輕，對社會有便利性。二〇二〇年一月到四月十五日這一〇六天裡，因交通事故死亡的摩托車或電動滑板車駕駛高達一二三人（雖然沒有準確統計，但大部分都是外送員），等於在外送過程中，每天會有一人以上因事故死亡。雖然外送員的工作可能會被剝奪，但我們的社會終究無法拒絕由機器人來為人類

⑨ 編註：根據國際汽車工程師學會（SAE International）的定義，汽車邁向全自動化必經六個階段。

執行危險、困難、要拼命的工作。現在被限制在室內的配送機器人，遲早會走到戶外。

在酷澎物流中心工作時，我懷疑自己似乎只是「AI的手腳」。擔任外送員使用AI配置系統又讓我這麼想，難道也像在酷澎時一樣，思考的是AI，而我只是騎著自行車送餐的「工具人」嗎？

而且還多了一種感覺，「我是為了提高AI的熟練度而累積數據。」

可悲的是，使用AI配置系統後，我的收入增加了。AI這傢伙比想像中還會思考，而且更快。

外民不是謀生手段

外民的AI配置系統也讓我享受到一些「特惠」。為了讓AI運行順暢，需要累積更多數據；越多外送員提供大量數據，AI才能多學習，變聰明。或許是這個原因，外民推出AI配置系統的同時，也提供外送員每件訂單增加一千五百元外送費的優惠，鼓勵外送員多利用AI配置系統。另外可能是因為酷澎Eats加入外送市場的關係，若特定外送員配送二十~三十件以上時，外民還會給予特別獎金。種種獎勵加在一起，一週可以增加三〇%左右的收入。

曾誘惑我的外民Connector招募口號：

「平均時薪一萬五千元。」

這近乎「神話」。因為不是「平均」，應該是最高時薪才對。要達到這個數字，在這一小時裡必須不間斷地湧入訂單，但如果沒有各種獎勵機制，時薪是賺不到一萬五千元的。基本的配送費為三千五百元，要達到時薪一萬五千元，每小時要配送四件以上。

但是公司會先扣除所得稅、外送員一定要保的駕駛人傷害險及職災保險等費用。再加上，電動滑板車外送員要負擔充電費，自行車遇到爆胎等狀況也要自負維修費，還有手機網路費，林林總總扣下來每小時送五件以上才能達到「時薪一萬五千元」的水準。或許在首爾江南一帶⑩訂單較多的區域有機會實現，但無論怎麼看，「平均時薪一萬五千元」肯定是誇大的廣告。

二〇二〇年五月十日，從中午十二點開始到下午四點為止，四個小時共配送了八件，配送費二萬八千七百元。換算成時薪為七一七五元。一個小時平均配送兩件，每一件平均三千五百多元。

這種情況還好，記得四月初第一次外送時，從下午六點開始，我等了三個小時才配送了兩件。第一次配送跑了一．四公里，配送費為三千五百元；第二次配送距離一．九公里，配送費四千元。總收入七千五百元。實際配送時間為一小時，所以時薪是七千五百元？不，加上等待的時間總共三小時，所以換算下來，時薪才二千五百元而已。從收益來看，實在不是能維持生計的手段。

收入會隨著訂單量而變化，但每小時平均收入七千元左右，與保障最低時薪八五九〇元的酷澎物流中心或便利商店相比，是非常低的金額。再加上外民 Connector 沒有週休津貼與年假等福利，更拉大了「勞動代價」的差距。

外民 Connector 還有一個限制，就是 Connector 每週工時不得超過二十小時。以平均時薪七千元來算，每週做二十小時為一四萬元，一個月是五六萬元，就算有獎金可增加三〇%的收入，每月最多也只能領七〇～八〇萬元。外民 Connector 絕不能作為生計手段。

外民將 Connector 定義為「打工」。再回想一下在外民 Connector 招募網站上的宣傳口號：

「只在我想工作時工作。只要有空時，花個一、二小時，就當是運動的一、二小時，輕鬆的週末午後的一、二小時，一起加入『外民 Connector』成為外送民族的一員吧。」

---

⑩ 編註：江南區位於漢江以南，是首爾重要的商業地帶。

這個工作純粹只是讓人打發時間、賺點零用錢的「打工」，當然會削弱人的工作慾望，想想同樣的時間還不如去做別的事。然而，外民似乎連 Connector 會有這種想法都預料得到，總會「湊巧」推出獎勵活動，每件加給少則一千、多則二千，偶爾還會給雙倍配送費。因此，解除「休眠」狀態，重新踩著自行車上街，就會發現一陣子沒出現的 Connector 紛紛復出了。但新的外送員不會間斷，所以即使外送費單價漲了，分配到的件數卻減少。當然，比起做宣傳活動之前，是可以做得更少，卻賺到差不多的錢。

外民與 Connector 為了「獎勵」而捉迷藏。若基本費太低，Connector 不工作，外送員就會不足；外送員不夠多，餐廳的不滿就會增加。所以外民就會推出獎勵，重新招募 Connector。但獎勵也是成本，不能一直給，給得太頻繁 Connector 會不當一回事。沒獎勵就不工作，餐廳又會不滿，然後再推出獎勵。是捉迷藏無誤。

● ● ● ●

外民的外送員有三種類型，一種是外民直接僱用的正職外送員，一種是擁有自己的摩托車，保險也是自己投保的「外包制」外送員，還有就是純兼職形態的 Connector。有一段時間並未招募外包制外送員，從七月開始在一部分地區重新招募。與此相比，外民在招募 Connector 時投入了相當大的廣告費，似乎將 Connector 視為外送員的主力了。

當時是去義大利麵店取餐時，餐廳還沒準備好，所以我在外面等，一位上了年紀的長者跟我搭話。

「當外送員多久了？」

「大概二個月了。」

「啊，我做了五個月了。」

我嚇了一跳，他看起來一點也不像外送員。他沒拿外送包，也沒有戴外民的徽章，從服裝上看也不像騎自行車或摩托車來的。

「您也做外送？」

「是啊，因為退休後想找點消遣打發時間。」

「啊，原來如此。」

那他的配送包在哪？是騎自行車還是摩托車？正想發問時，他的餐先做好送出來。他確認後，拿著披薩盒和裝了義大利麵的袋子，坐上停在餐廳外的汽車。原來是一位開自用車跑外送的 Connector 啊！記得那天下著毛毛細雨，所以有點羨慕。

還有一次是在一間賣米線的店，那間店的動作很快，是我心中的愛店之一。餐點好了我順手想取走，才發現不是我的餐，身後一位 Connector 上前來把餐取走。他看起來年紀大概六十多歲，在自行車前面裝了個籃子，把餐點放在裡頭就走了，沒有配送包，當然也沒別上外民的徽章。

他的自行車籃裡已經有一袋鬆餅了，看來剛才我沒接到的鬆餅店訂單，是被他搶走的。但我有點擔心，在鬆餅上放了湯湯水水沉重的米線，鬆餅會被壓扁啊。

我繼續等餐，這時有一位老人家跟我搭話。

「看來你是自行車 Connector 吧？」

「是。」

沒有看到配送包，但這位老人家也是外民的外送員。

「騎自行車外送會不會很辛苦啊？」

「辛苦啊，不過還做得來。」

「當外送員多久啦？」

「三個月了。」

「做了那麼久應該可以接很多單吧？」

「不太清楚，我也不知道其他人的狀況。」

「我是徒步外送，正在想要不要買一臺電動滑板車，但我兒子怕危險所以反對。」

「徒步外送的話就只能接半徑一公里以內的單，會不會很少？」

「還是有啊。退休在家太無聊了，與其躺在家遊手好閒，不如出來散步，既能運動，還能賺點零用錢。」

看來最近多了許多上了年紀的 Connector。

外民預備軍，退休人員的進退兩難

外送工作做下來，漸漸會遇到其他外送員。在餐廳取餐時會遇到，在路上也會擦身而過。等餐時通常會隨口聊兩句：「今天的單多嗎？」「這間店真的每次都要等好久。」都是只有外送員之間才會有的牢騷（有幾間餐廳以備餐時間超久出名，只要是外送員都知道）。就像同一家客運公司的司機在路上會車時，都會簡單地點個頭或揮揮手打招呼一樣，有時看到外民外送員擦身而過也會點頭打招呼（行駛間手得握好龍頭，所以不可以揮手打招呼）。

不過遇到其他 Connector 時感覺有點微妙，心想他們是我的競爭者還是同事？外送訂單多的時候，有些餐廳老闆會因為系統遲遲無法安排外送員而急得跺腳，這種時候會覺得其他 Connector 都是「同事」，希望人手越多越好，有優良的服務，也才會有更多餐廳加入平臺，顧客自然也會變多，工作變多後，我們外送員的收入也會增加。

但沒有訂單時，看到其他 Connector 從身邊呼嘯而過，心裡會想剛才我沒接到的那張單很可能就是被他搶走的，就會覺得他是競爭者。尤其看到「退休人士」，心裡更是五味雜陳。雖然每個人都有自己的理由，對他們來說，外送只是打發時間、緩解無聊或為了運動而做的「消遣」，外送員的收入對他們來說只是「多出來的零用錢」。待在家裡什麼都不做會是零收入，但只要跑一小時，就可以賺到三千～五千元的意外收入。

但對於一些找不到其他工作而只能先跑外送維生的人來說，一小時三千～五千元的收入，是遠低於最低時薪八五九〇元的負收益。若把外送當「副業」的人繼續加入，外送費就無法上漲。每小時三千～五千元，最多七千元，若滿足於這種收入的 Connector 持續加入，以外民的立場來看沒有必要增加外送費，也不必多僱用要提供週休津貼和年假福利的正職外送員了。

•••

新冠肺炎疫情剛爆發時，外民每週配給每位外送員三個口罩。當時為了領取口罩而前往外民的區域中心。中心門前停放著印有「空腹主義」等醒目字樣的淡藍色外民外送員專用摩托車，足足有五十輛以上。我走進中心內部，自己當了外送員後，這是第一次見到真正的管理者。我領了口罩和攜帶型手部消毒液後，在名冊上簽名時，我詢問管理者：

「每週最多二十小時的工時很難維持生計。請問有沒有辦法多做一點？」

「如果想提高工時到每週六十小時，就必須成為外包制外送員。但現在不缺，不過可以應徵公司的正職外送員。」

「有什麼福利？」

「保障基本時薪八五九〇元。一週工作五天，總時數不超過五十二小時，還有週休津貼和年假。不用進公司打卡，可在家直接上下班。另外還有獎勵，一個月完成三百單，多出來的每一單都會多給獎金，最多到五百單。如果能做到五百單，一個月就能領二五〇萬元以上。」

「一個月五百單的話……一週工作五天，一天就要跑二十五單，有那麼多單可以接嗎？我之前一天很難超出十五單啊。」

「我看看……我們這區的正職外送員上個月就有人做滿五百單。摩托車外送員可以跑的範圍更大，自然會有比較多單可接。而且現在Connector因為無法接『貨到付款』的單，所以能接到的單自然更少了。」

「但如果我加入正職外送員，那就會分掉現有的訂單吧。」

「嗯，那也不無可能……」

走出中心，成排的外民外送員摩托車再次映入眼簾。我不禁喃喃自語：

「外民現在應該沒有很想增加正職外送員吧。」

外民希望增加的是「副業」參與者。

捨正職而選代送公司的理由

有一天，和妻子開車回家，在家附近的十字路口等紅綠燈，一輛輛外送摩托車果然從後方鑽來鑽去穿過車陣，終於擠到最前面停著蓄勢待發。這時我看到左轉車道上有一輛外送摩托車正在等左轉燈號。他沒有在車陣中鑽來擠去，而是從容地排在前車後方，還保持安全距離。車上載著一個外送箱，上面印著社區賣部隊湯那間店的店名和電話。

「那位看起來很悠閒，一定是送完要回店裡了。」

「這就是跟平臺外送員的差別啊。他們領固定月薪，就沒有必要拼命了。」記得在外民地區中心諮詢時，管理者反覆強調正職外送員的優點是「安全」。

「我們與其他代送或快遞公司不同，絕對不會給正職員工壓力，取消訂單也沒關係，我們強調一定要把安全放在首位。」

聽說在代送公司「靠行」的自營外送員遇到客人取消訂單時，要自行賠償餐費。有時不是因為訂購者三心二意，而是太晚送到或途中不慎造成餐點受損或無法食用，都要外送員自己負責。但平臺直接僱用的外送員有保障薪資，所以在配送時反而比較從容而較少發生意外。

以二〇二〇年為基準，麥當勞和達美樂員工的基本時薪為八五九〇元，加上週休津貼為一萬三〇八元。如果在晚上十點以後工作，會多加一．五倍夜間津貼。另外會提供國民年金、健保、僱傭保險及職災保險等四大保險。如果需要外送，公司有自己的外送摩托車，還會補助油錢。外送一份可獲得四、五百元的津貼。同樣是外送，但每天工作八小時，送二十份左右，時薪加上週休津貼、外送津貼，等於每天的日薪是九萬元左右，換算成外送費為每件四千五百元。雖然每間分店的狀況略有不同，但基本上跑外送的員工就不用打掃或負責內場備餐等工作，可以偷空休息，還供應免費漢堡當員工餐。

外送時不需要勉強，也不能勉強。麥當勞的外送摩托車排氣量低（五十C.C.，最近逐漸換成電動摩托車），很難跟其他摩托車搶快。如果違反交通規則被罰錢則由外送員自行吸收。外送津貼四百元，但送的多不代表收入會大幅增加，因此沒有必要跑得太勤快，也不必在馬路上競速。送一份餐只有四百元，不值得拼命。

這樣看來，麥當勞或外送平臺直接僱用的外送員，比代送公司的外送員福利好很多，但人類是充滿慾望的，即使要再努力一點、再辛苦一點，也想多賺一點錢。國民年金？等我能拿年金時不知幾歲了，先算了吧；健保？一直掛在父母名下，也不需要；僱傭保險？有失業津貼可領固然好，不過能跑外送自己賺更好；職災保險？不太清楚，能馬上拿到的現金比較重要。

對這些人來說，麥當勞或外民正職外送員一個月賺二百～二五〇萬元不算什麼，更吸引他們的是「〇〇代送公司的外送員一個月可以賺四百萬元」這種小道消息，於是外送員們開始湧入代送公司。

從一碗烏龍麵學到的路上之道

晚上工作如果訂單多，自行車的移動距離會超過二十公里。在訂單很珍貴的情況下，如果從下午五點開始跑外送，一忙下來往往連吃飯的時間都沒有。有一天晚上，外送到超過九點才告一段落，路上經過一間賣辣炒年糕、米腸、魚板、炸物、飯捲、烏龍麵的路邊攤，忍不住聞香下車。正巧天空下起了淅淅瀝瀝的雨，乾脆就下班吧。

饑腸轆轆的我，連忙拿起一串魚板就咬。在角落裡坐著兩名男子，桌上擺了血腸、燒酒和烏龍麵，他們向我搭話。

「你是外民的外送員嗎？」

「是的。」

「今天跑了很多嗎？」

「今天還蠻多的。」

「跑了那麼多不如過來吃碗烏龍麵吧。」

盛情難卻，於是我尷尬地過去坐下。其中一人和我同齡，另一人看起來像二十歲出頭的年輕人。一坐下來就勸酒，但我拒絕了。雖然是騎自行車，但也不宜喝酒。跟我同齡的男子又點了一碗烏龍麵。

「他是我朋友的弟弟，最近想去代送公司跑外送，我朋友要我阻止他，所以今天才會約出來聊聊。剛好看到你，便想說能不能分享一下當外民外送員的經驗，方便嗎？」

「沒問題，有什麼想知道的都可以問。」

我先詳細說明了外民外送員的工作內容和收入概況，年輕人默默地聽著，與我同齡的男子說道：

「如果能加入職災保險挺好的。像去年有次下雨天，我不小心滑倒，從右小腿到肩膀都磨破了。原本發生事故，有保機車險就可以處理，所以沒加入職災保險，但如果是自摔的話，保險通常不賠。聽說只要加入了職災保險，醫療費和不能工作期間都能補貼。」

• • • •

那名男子當了十年的兼職「鐵箱子」——中餐館外送員。一開始是被開中餐館的姐夫慫恿，薪水還不錯。不過在四年前加入代送公司，晚上把代送當副業。在辦公大樓密集地區的中餐館白天比較忙，晚上八點就打烊了。

他取得姐夫的諒解，使用了中餐館的摩托車跑代送外送，賺得還不少，一晚最多能賺一〇萬元。做一整天的話，估計可以賺到三〇萬元。只要夠努力，一個月賺七百萬元以上並非不可能。後來因為姐夫的中餐館生意走下坡，還要付他薪水，讓他心裡有點過意不去，於是就乾脆轉行了。

但全職跑外送之後卻不盡如人意。擁有十年經驗的老手，騎車技術自然很熟練，但每年還是會發生一、兩次事故。他很清楚下雨天騎車最好避開人孔蓋，還要小心不要騎在線上，因為下過雨會很滑。如果下大雨，可能會沖壞路面，那些坑坑洞洞對兩輪的摩托車來說是致命的威脅。

儘管他再小心，還是在人孔蓋上滑倒，摔到旁邊的人行道上，全都是因為他急著外送而一時疏忽。還有在巷弄間，為了閃避正在倒車的貨車而自摔；在小巷子右轉時，為了避開迎面而來的社區巴士時摔倒；為了閃避突然冒出來的小狗而摔倒。他的胳膊和腿傷痕累累。

如果能賺到很多錢，那些肯定是光榮的傷口，但實際上卻賺不到什麼錢。因為越來越講求快速配送，所以會開始注意摩托車的性能。在中餐館外送時騎的是大林的「City Ace」，實在很難跟別人競爭，於是另外選購了加速快、馬力強、輪胎較耐操的摩托車。雖然也想過要不要租用代送公司的車，但覺得工作不是只做一、二天，還是騎自己的車比較好，於是狠下心買了新車，加上保險總共花了七百多萬元。

雖然是因為想多賺錢才選擇加入代送公司跑外送，但一方面也是嚮往「自由上下班」。因為自己就是老闆，想工作就工作，但事實並非如此。原則上，外送員可以彈性上下班，但代送公司通常會預先排班，引導或強制外送員之間進行協調。事實上，外送員是被自己束縛住了，心裡會想應該要比在中餐館時賺得更多，所以每週工作六天；感覺收入好像變少了，就一週七天都工作。不管颳風下雨還是下雪，每天跑十二個小時，連休假也犧牲了。

每個月基本上賺四百萬元，景氣好的時候甚至超過五百萬元，但相對地東扣西扣了很多，例如油錢一個月就要二五萬元，保險費二〇萬元。每件外送費三千～三千五百元，但代送公司會以系統管理費的名目一件抽二百元，這樣一個月就要二五萬元。摩托車要換機油，輪胎也會耗損，一個月的保養維修費也要一〇萬元。每天都在跑，這樣二、三年就要換車，換算折舊費每個月大概一五萬元。林林總總加起來，一個月要支出一百萬元。

如果一個月的收入為四五〇萬元，扣除支出，純收益相當於三五〇萬元。當然，前提是沒有任何「事故」。雖說投保之後，發生事故可以得到賠償和醫療費補助，但不能工作期間的損失還是得自己承擔。

三五〇萬元的收益，是每週工作六天、每天十二小時的勞動代價，這樣絕對不算多。若將工作時間以每月三百小時計算，時薪為一萬一千七百元左右。再加上沒有一般上班族的週休津貼、年假等福利，時薪其實不到一萬元，國民年金、健保都得自己想辦法，這才是「收入」背後隱藏的真實。

••••

男子對我說：「做外民很難維持生計吧。」但他是故意說給年輕人聽的。

「我很了解你的心情。在我這個年紀不算什麼，但你年紀輕輕，若每個月能賺三百多萬，可是一筆不小的數目。現在很多地方都拿不到最低時薪或一個月有二百萬的收入。不過如果真想做，就去首爾吧。花二、三週好好記熟地理方位，很快就會習慣了。俗話說，要挖山參，就要去有山參的地方，雖然外送稱不上像山參那麼貴重，但只要努力，能挖到桔梗也就夠了⑪。只是我們這一區連桔梗都談不上，只算是一片碎石地。還是去江南、松坡、鍾路或麻浦⑫，才能賺到錢。」

但男子隨即又轉了話鋒。看來在我加入之前，他們已經聊一陣子了。

「但就像你哥說的，準備公務員考試也不錯。跑外送每月能拿三百多萬，看起來很好，但每天在路上吸廢氣、置身危險中，一不小心就會受傷，身體也會感到疲勞。而且你想想，這份工作可以做到什麼時候呢？現在一個月賺三百萬，十年、二十年後，一個月大概賺個三〇一萬吧。將來你兒子去學校，老師問說：『你爸爸做什麼工作？』兒子該怎麼回答？我也只能跟你說這些……」

男子又說，等現在騎的摩托車到了報廢的時候，他就要去考公車司機。

「在馬路上，公車是甲方⑬，我也想當當甲方啊。呵呵。」

那天在路邊攤，我得到的東西比一碗烏龍麵還多。

---

⑪ 編註：山參就是野生人蔘。桔梗與山參外型相似，但後者更名貴，所以被拿來比較。

⑫ 編註：松坡、鍾路與麻浦都是首爾的行政區。松坡位於漢江南岸，鄰近江南商業區。鍾路位於首爾中心，景福宮、青瓦臺、東大門市場等重要地標都位於此區。麻浦位於首爾中西部、漢江北岸，區內有知名的弘益大學。

⑬ 編註：簽約時會有甲、乙兩方，甲方是提出條件的一方，引申為具有主導地位的角色。

好吧，我們是什麼民族？

自從開始做外送工作以來，我發生了幾個變化。

第一，瘦了很多。每天騎自行車超過二十公里，反覆上坡下坡，不瘦都不行。三個月內減了八公斤，大腿跟石頭一樣結實。

第二，努力成為更親切的人。外送時，遇到不少客人帶著明朗的表情說：「謝謝。」「辛苦了。」甚至熱情款待一瓶提神飲料，老實說心裡很感動。所以我自己在點外送時，也會不吝嗇地向外送員表達感謝。去餐廳吃飯或到賣場買東西時，也會很努力提醒自己要向服務人員說「謝謝」、「辛苦了」。

最大的變化是再次感受到血汗勞動的崇高。當然，在跑外送時也常會看到「那個人怎麼那樣？」「原來也有那麼沒有職業道德的人」等讓人皺眉的場面。

雖說違反交通規則是賭上自己的性命，但看到毫無顧忌在人行道上奔馳的外送員，實在很想拿起手機拍照檢舉。之前看到一個騎著自行車、沒有使用外送包、一手抓著把手、另一手搖搖晃晃地拿著披薩盒的外民 Connector 時，我還很興奮。

我上外民的訂餐APP找評論，果然發現「收到的披薩都七零八落的」這樣的抗議。那份披薩是店家精心製作、餓扁的顧客滿心期待的美食，難道外送員就可以用那種方式隨便對待嗎？儘管如此，仍有九成的外送員是為了完成任務而默默努力工作。

偶爾也會遇到奧客，但是九九%的客人真的都非常親切。最近，民眾對待外送員的態度也改善很多，特別是隨著新冠疫情時代到來，社會對這類外送、代送工作越來越尊重。

• • • •

外送工作做下來，不禁佩服「外送民族」這名字取得真好，韓國本身就被稱為「배달的民族」。對於「배달」這個詞，其源頭有各種說法。在詞典中，雖然指的是「稱呼我們民族的說法」，但「배달」一詞出現並開始廣泛使用，是在日本帝國主義侵略下，民族主義抬頭的二十世紀初，源自於崇仰檀君⑭為唯一

真神的大倧教⑮。

不管怎樣，現在幾乎沒有韓國人沒聽過「外送民族」。因為看到大家都曾向中餐館點過炸醬麵外送，所以把外送服務平臺取名為「外送民族」，正是充分利用文字的雙重性意義。他們的廣告文案也是：「我們是什麼民族？」正確答案應該是「什麼都能外送的民族」。

---

⑭ 編註：目前南北韓官方都認為，檀君是朝鮮半島歷史上第一個國家「古朝鮮」的開國者，是朝鮮族共同的祖先。在「檀君朝鮮」被官方肯認之前，很長一段時間「箕子朝鮮」的說法居於主流地位——商朝遺臣箕子帶領中原地區移民，在朝鮮半島與當地原住民建立第一個國家。但有學者認為，檀君僅是神話傳說中的人物，沒有堅實的學術證據支持其真實性，「檀君朝鮮」其實是民族主義下的產物，是為了抵禦日本殖民，也為了對抗「韓國人與中國人同源同祖」的說法。在韓文中，「外送」（배달）的另一個意思就是「檀國」；用韓文的漢字來表示，「外送」的漢字是「配達」，「檀國」的漢字則是「倍達」，所以作者才會說「外送民族」這名字取得真好。

⑮ 編註：大倧教的前身「檀君教」創立於一九〇九年，隔年教內分裂，其中一派固守檀君教名稱，為親日派；另一派主張抗日，更改教名為大倧教，目前在南韓仍有超過五十萬名信徒。

而外民的母公司名稱「Woowa Brothers」也很特別，聽起來就像「優雅的兄弟們」（韓文「優雅」的發音近似Woowa），連Connector這個稱呼，也是洞察業務本質後的命名，因為外送正是「連接」自營業者與消費者的行業。

第3章 送你去想去的地方

——Kakao代理駕駛

挑戰 Kakao 代理駕駛

雖然可以在想工作時才工作，但擔任外民 Connector，在收入方面還是成長有限。如果轉全職外送又得承受不少壓力，要買摩托車，還要投保，初期的投資費用太高，就算用租的，也要簽一年以上的長期合約，車子的安全問題也令人擔憂。

因此曾在工作中遇到有其他兼職的外送員推薦我「代理駕駛」這個工作。首先，因為駕駛的是「四輪」汽車，當然比較安全，不用擔心颳風下雨、下大雪。沒什麼初期投資費用，收入也還算不錯。於是在疫情稍微趨緩之際，我拿出了手機加入 Kakao 代理駕駛。

想成為 Kakao 代理駕駛並不難，只要在智慧型手機下載並安裝 Kakao 代理駕駛APP，上傳駕照、簡歷照片後接受審查就可以了。這與用手機開設網路銀行帳戶很類似。不過為了拍簡歷照片，我下了點功夫，盡最大努力呈現端正與具信賴感的印象，好讓顧客可以安心地把自己的車和生命交給我。

平臺審查大概需要二、三天，在收到加入許可的訊息後，就可以立即上線開始工作。在Kakao代理駕駛開辦初期，聽說還要進行面試，但現在已經取消了，因為在疫情時代，「零接觸」是最基本的。

• • • •

第一天上班總是半興奮半恐懼。就在某個平靜夜晚的八點鐘，我以代駕的身分正式上工，第一個工作地點（？）是在某新市鎮住商大樓林立的鬧街，許多人下班後會和朋友在家附近喝一杯，其實代駕的需求應該不會太多，但我想從熟悉的地方開始工作，有助於將「半恐懼」再減半。

到達鬧街後，我先打開手機裡的代駕APP，螢幕上出現許多紅點，代表這個時段待命中的Kakao代駕。我嚇了一跳，已經有二十多名代理駕駛在半徑五百公尺內等著客人，什麼時候才會輪到我啊？正當我這麼想時，接到第一個客人的呼叫。目的地不是太遠，在距離三公里左右的另一個住宅區。按了接單之後確認，客人所在地也是我熟悉的地方（幸好做外送員的訓練讓我對這一帶瞭若指掌），距離也才一公里左右。我跟著導航到客人所在位置附近，打電話聯絡。

「您在哪裡？」

「〇〇炸雞店前面。」

「我也在〇〇炸雞店前面。」

「喔～」

客人就在我面前，已經坐在自用車的副駕駛座上等我了。看起來大概三十五歲左右的年輕男子。我打開車門坐上駕駛座，一邊繫安全帶一邊打招呼：

「您好，我會安全地送您到家。」

我沒練習過，很自然地就說出口。不知不覺中，過去外送工作帶來的餘韻好像浸透了我的身體。不能讓客人看出我是新手，不然一定會很不安。從顧客的立場來看，如果發現代理司機是新手，該有多不安啊。我端端正正地坐在駕駛座上。

Kakao代理駕駛
APP畫面

這是在新冠肺炎
疫情肆虐的五月的
週日夜晚，週五、
週六晚上會更多。

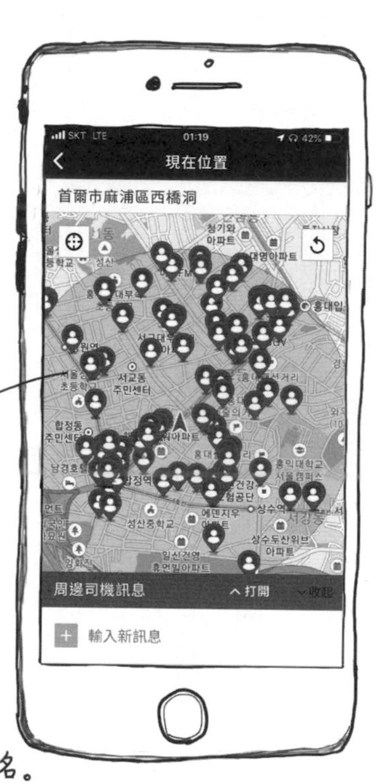

紅點
代表打開 Kakao
代理駕駛 App，
已上線準備載客的
代理駕駛們，
以西橋洞十字路口
為中心，大約有八十多名。
我也是其中一個點。

無法喘息！

2020.0517 KIM HAYOUNG

已經啟動了

在開始從事代理駕駛工作之前，我先在網上搜尋一些資訊。現在部落格和YouTube可說是無所不知的「老師」。我搜尋了一些令我掛心的疑問。

首先，導航的使用方法。代理駕駛不可避免地要去沒去過的陌生地方，所以必須會使用導航。現在雖然大部分汽車內部都有導航裝置，但還是使用自己的手機比較方便。因為不同品牌導航裝置的操作方法不一樣，不熟悉會浪費很多時間，所以還是用自己習慣的導航最好。

有的代駕會一手拿手機，一手握方向盤；有人是把手機放在儀表板前，邊看邊開車；有些「高手」則會把手機放在杯架裡，只用藍牙耳機聽指示。因為一手拿手機開車很危險，放在儀表板前又無法固定，所以也有代理駕駛會DIY把手機戴在手上。有人會自備可以夾在冷氣口的手機支架，但很容易刮到車子，引起車主抱怨。

在各種方法中，我選擇自備可以放在儀表板上、具有防滑功能的手機墊。在「大創」（Daiso）百貨①用二千元就買得到。

第二，駕駛座椅、後視鏡、後照鏡的調整。為了安全駕駛，這些都是必須的，但聽說有些車主並不樂意，因為第二天當他要開車時得一一重新調整。而且每款車子內部的後視鏡和座椅的調節按鈕各不相同，找尋、操作可能會很麻煩。在網路上有些前輩建議：「如果用不舒服的姿勢長時間駕駛，會造成身體痠痛，所以一定要調整成適合自己的角度再開車。」幸好我的體型差不多等於韓國男性平均值，所以調節座椅和後視鏡的壓力比較小。

第三，汽車操作方法。我對駕駛很有信心，因為我有二十年的資歷，而且有段時間開手排車，所以手排、自排車我都能開，從一般小型自用車到一．五噸的冷凍車我都開過，二〇一五年還曾開著二〇〇〇年出廠的 Galloper 橫貫美洲大陸。儘管如此，最近推出的新型汽車的煞車系統、排檔位置、啟動按鈕等非常多樣，一不小心就可能混淆。網路上有前輩建議：「不知者無罪，反正不知道就問車主吧。」也有人說：「只要經驗夠豐富，任何款式的車都難不倒。」

結論就是「經驗」的問題。

• • • •

那天我擔任代理駕駛第一次開的車是BMW，雖然座椅位置有點低，但幸好座椅角度和方向盤的距離、後視鏡角度等都還可以。省略了駕駛座椅和鏡面調整，我正想按下啟動按鈕時，坐在副駕駛座的車主說：「已經啟動了。」不知道是不是因為太緊張，或者車子靜音效果太好，我連啟動了都沒發現。本來不想讓人看出是個新手，這下恐怕露出馬腳了。應該很明顯吧。

車子停在路邊的巷子裡，我把方向盤左拐右彎，前進後退兩、三次後小心翼翼地上路。如果是我的車，應該一次就出來了，但緊張也是在所難免。其實什麼車型、貴或便宜都不重要，只要是「別人的車」，無論何時都會緊張。

①編註：在日本發跡的跨國連鎖綜合型百貨，特色是大多數商品為便宜的均一價。

人們如何運用代理駕駛

「別人的車」。開別人的車不是件簡單的事，換個角度想，把自己的車交給素不相識的人開，也並非自然而然的事。記得去南美旅行時，當地治安不好，惡名遠播，一位在當地做生意的韓國人，擁有三部車，也有三名司機。每天早上，三名司機跟三部車都在家門前待命，他會隨機挑選當天要搭的車，每天前往公司的路線也不一樣，因為不敢完全信任司機。在連自己僱用的司機都不敢信任的地方，更不可能找代理駕駛。

雖然美國的治安還算好，但代理駕駛一行也不活躍。一旦進入公共交通不發達的郊區，代理司機要離開就很傷腦筋了。雖然可以搭便車，但路程通常很遠，行車時間很長。在大城市裡代理駕駛較有市場，但實行嚴格的會員制，因為「信賴」是最優先的。這也可以說明韓國比其他國家治安相對較好，「信賴」度也比較高。

除了「信賴」之外，各國在代理駕駛市場的普及化上出現差異，原因還有很多。韓國的代理駕駛是技術、制度和經濟成長創造出來的。

首先是酒精測試儀的引進。在韓國，代理駕駛開始興起，是在一九八一年引進酒精測試儀之後。只要「呼～」吹一口氣就能測定血液中的酒精濃度。「我就算喝掉一整瓶燒酒，也一點事都沒有。」講這種話是沒有用的，如果對酒精測試儀的結果不服，就進行抽血檢查。

第二，統一盤查制度。幾年前，美國休士頓曾就是否安裝超速測定儀進行公民投票，結果遭到否決。當地居民認為，在充滿各種變數的道路上，超速行為是否會影響交通或對他人安危構成威脅，不該交由機器來判斷，這種「狀況判斷」屬於警方的裁量，不能把人的行為正當與否交給機器決定。

脈絡相同，美國仍未採取統一盤查制度，而是由警方進行選擇性管制。若警察認為駕駛人開車時有可疑之處，會指示駕駛人把車停在路邊，下車走直線來測試是否喝了酒。有些州雖然有使用酒精測試儀，但也只是為了蒐集證據。像韓國一樣，在特定地點（不能掉頭逃跑的地方）對所有駕駛人進行統一盤查，算是特別的例子，大概只有日本和澳洲等部分國家實施。

韓國人對「機械性管制」的反感較少，甚至還會在街頭安裝只有外殼的攝影機，再貼上「超速管制」的警告標語。因為新冠肺炎強調零接觸，警方暫時中斷了統一盤查酒駕。但不久之後，又引進了新型的偵測儀，不需吹氣，只要放在臉旁邊就能偵測有沒有喝酒。用偵測儀先初步判斷，再用酒精測試儀進一步檢測。打擊酒駕的技術發展更快了。

第三，自用車時代的到來。一九七六年現代汽車首次推出Pony系列車款，一輛Pony的價格約二三〇萬元。當時位於蠶室②十五坪大的房子，售價約四三〇萬元。一九七八年現代汽車推出Granada，當時售價一千一百萬元。這些錢能買到狎鷗亭洞③三十七坪的華廈。到了八〇年代中期，汽車仍是財富的象

---

② 編註：位於首爾松坡區，境內有樂天世界（Lotte World）遊樂園。

③ 編註：位於首爾江南區的知名購物區，以售賣高級消費品為主。「洞」是「區」之下的行政區劃單位。

徵。但從一九八五年現代汽車推出 Excel 車系、Sonata 車系之後，開啟了「My Car」時代。八〇年代中後期因為「三低」④，每年經濟增長率超過一〇%，隨著中產階層的增加，家家戶戶開始買車。

有了車就會想開、想坐。那個年代沒有在按時收取停車費，也不怎麼管理停車秩序，每間公司都很盛行聚餐，每天晚上都會將員工聚集到餐廳裡高喊：「乾杯！」而且一定會續攤好幾次，最後好不容易散會，「怎麼回家」就成了問題。開車回家擔心發生事故，也怕會被警察攔下；把自己的車丟下，坐計程車回家，不方便也不放心，於是代理駕駛便出現了。

● ● ● ●

初期的代理駕駛是「高級」服務。八〇年代，代理駕駛是為了乘坐「私家車」到高檔餐廳與酒店的富豪所提供的特別服務。富豪通常有自己的司機，但為了讓司機早點回家的「善良」老闆，以及沒有另外請司機的車主們（八〇年代中期為止的「車主」本身都還算富有），便需要代理駕駛。當時請代理駕駛的費用很貴，一次要三～五萬元。因為客戶都是有錢人，所以通常會給很多小費。

若以現在的物價來看，代理駕駛一趟至少可以賺一〇～三〇萬元不等。

當時的代理駕駛大多是在特定的酒店或飯店工作，可以算是那些高級酒店與飯店提供的附加服務，所以代理駕駛大多是由酒店、飯店員工或計程車司機「兼職」。

但到了九〇年代中期，隨著手機的普及，代理駕駛市場急劇擴大。在沒有手機的年代，代理駕駛必須在酒店或飯店附近待命，把客人送到家後再自己回到酒店或飯店。但是有了手機之後，不必被綁在一個地方，隨時隨地都可以接受客人的召喚。代理駕駛仲介也因此如雨後春筍般興起，司機們拿著對講機互相支援，進一步擴大了代理駕駛市場。

---

④ 譯註：一九八六年起，韓國利用國際市場的「三低」（低利率、低匯率、低油價）有利條件，實現了連續三年的高成長、低通貨膨脹率的發展。

滿是紅點點

盡量平穩地開車。因為是第一次擔任代理駕駛，又是開別人的車，所以非常緊張。路徑是按照 Kakao 代理駕駛APP的導航指示行走。經過二十幾分鐘後到達目的地，是一座大樓社區，導航引導的終點是正門，接下來就要靠客人引導了。

「前面右轉，然後再左轉，在那邊停就可以了。」

抵達之後才消除緊張，熟練地停好車，解開安全帶說：「已經到了。」這時從後座傳來：「辛苦你了。」是女性的聲音，我嚇了一跳。這一路上太緊張了，連後座有人都沒有發現，一心一意只注意開車。

年輕夫婦下車後又說：「謝謝，慢走。」然後就消失了。心情真是太好了。雖然是拿錢辦事，但能夠讓他們安全回到家，還是覺得很開心。果然還是溫暖的微笑與一聲「謝謝」更能消除疲勞。

平生第一次做代理駕駛就遇到親切的客人，覺得很滿足。手機APP上顯示的費用為一萬二千元。扣除二〇%的手續費，我實際得到九千六百元。從接到客人到抵達目的地停好車、離開，這中間花了三十分鐘左右，換算成時薪是一萬九千二百元。這樣算來收入並不差啊。

●●●●

因為是熟悉的區域，所以很清楚餐廳、酒吧大多聚集在哪裡。步行到鬧街只需十分鐘。我邊走邊看著手機上的APP，一路到了鬧街，卻很難接到新的呼叫，APP顯示等待中的代理駕駛數量，比我剛才出發的地方翻了好幾倍，滿滿都是紅點點，幾乎把地圖都染紅了。

雖然看到有客人呼叫，但一眨眼就被別人搶走了，就這樣過了三十分鐘，九點了。我從八點開始出來工作，只跑了一趟賺了九千六百元，如果換算成時薪，我的時薪從一萬九千二百元變成九千六百元，減少了一半。代理駕駛實際上就是自營業者，沒人會在等候時間給我薪水。

突然想起以前當上班族的日子，不會因為苦等外部作者交稿，三小時什麼都沒做就扣三小時薪水；在酷澎物流中心工作時休息十五分鐘，也不會少給十五分鐘的薪水。

就算前一天喝多了，狀態不好；為了搶買打折的牛仔褲，花了五分鐘上網購物；因為被老闆罵了心情不好；和公司同事吃完午飯又去喝咖啡，遲半個小時才回辦公室；貪看剛剛上傳的網路漫畫，咯咯笑了十分鐘；因為突如其來的憂鬱而什麼都不想做……這些都不會成為被扣薪資的理由。

坦白說，當你不想工作、想辭職的時候，先拿出計算機算一下。月薪三百萬元，除以三十天，日薪相當於一〇萬元；若除去週末，以二十天計算，日薪是一五萬元。把一五萬元除以八小時，每小時時薪是一萬八七五〇元。只要堅持在辦公室坐一天，就能賺一五萬元。當然，或許偶爾會有得不到報酬的額外工作，但是也有不少可以偷閒的時間，應該沒什麼好抱怨的吧。就像軍隊裡的老班長說的：「把國防部的時鐘倒掛，時間還是一樣會走。」只要撐著，總會等到發薪日那天。

然而，代理駕駛是「論件計酬」，沒有工作的等待時間就是自己的損失。所以等得越久，就越焦慮。感覺像錢包裡的鈔票一張張消失一樣。難怪有代理駕駛會說：「等待時間越長，精神就越崩潰。」就在我的精神快崩潰時，終於接到一通新的呼叫。

好不容易才達到最低薪資

客人所在地是離鬧街有點距離的住宅區，目的地是漢江對面的傍花洞⑤。考慮了一下，還是決定接下來。當時是晚上九點半左右，把客人送到傍花洞，回來也很方便。接了單之後開始出動，步行一公里通常需要十～十三分鐘。若用競走的速度大概需要七～九分鐘。一般找代理駕駛的客人可以容忍的等待時間為十五分鐘。我走了八分鐘就到了，從額頭流下的汗水浸溼了口罩。

這回客人也在車裡等著。車是現代汽車的Avante，是我相當熟悉的車款，因此從容許多。我上車跟客人打完招呼便出發前往傍花洞，按照Kakao APP的導航前進。導航指示要右側轉彎，於是前進二百公尺我打開方向燈，並靠向右側車道。

---

⑤ 編註：位於首爾江西區，漢江以南。

這時坐在副駕駛座的客人突然喊道：「在前面左轉。」我急忙改切成左轉的方向燈，瞬間越過三個車道，擠到左轉車道的停等線前。這時恰好亮起左轉信號燈，便很自然轉了過去。但我心想後面車主應該都在罵：「是哪個瘋子開的車？」導航判斷該走不用等信號燈的右轉路線，但車主似乎習慣待轉再左彎。

最後順利抵達目的地，地下停車場入口柵欄卻未升起。「什麼呀，難道需要臉部識別嗎？」一時之間不知道該怎麼辦，這時車主說：「先倒車一點，再重試繞大圈進去。」為了讓柵欄能偵測並識別車輛前面的RFID（無線射頻辨識），要把車子調對角度。開著「別人的車」去「別人家」，就是會有各種變數。

找到車位停好車，遞上汽車鑰匙，鞠躬致意後再次走回街頭。這回費用一萬五千元，扣除三千元的手續費，實得一萬二千元。結束運行的時間是十點半，加上第一趟的收入，我在兩個半小時裡賺了二萬一千六百元，換算成時薪是八六四〇元，好不容易終於達到最低時薪的門檻了。

最理想的狀況是在傍花洞再接一趟去一山⑥的代理駕駛，但事情怎麼可能都如我所願呢？才十點半，現在下班太早了，所以決定再等呼叫。我在APP

上搜索附近的鬧街。雖然對這附近不太熟，但是「紅點」（等待中的代理駕駛）越多，就越有可能是鬧街。我朝著紅點集中的方位走了十五分鐘左右，APP的提示聲再次響起，又有客人呼叫了，這次的目的地是新月洞。去新月洞，應該能接到要前往弘大或新村的呼叫⑦，離開那裡沒什麼問題。

接了客人之後出發。開車並沒什麼困難，但停車是個難關。目的地是一個老舊住宅區，其他平面停車場已經停滿車，我在附近轉了三、四圈才停妥。APP記錄從出發到目的地的運行時間為十五分鐘，但停車卻花了二十分鐘以上。對於時間寶貴的代理駕駛來說，尖峰時間在停車場浪費的時間都是費用。時間就是金錢！

完成第三趟已經接近午夜了，我等著看看有沒有去弘大或新村的呼叫。在

⑥ 編註：位於首爾西北方的高陽市。

⑦ 編註：新月洞位於首爾陽川區。弘大、新村都位於首爾麻浦區。陽川區與麻浦區之間隔著漢江。

那一帶，公車的末班車會開到凌晨二點。並不是沒有客人呼叫，只是在我下手接單前就消失了。有一些呼叫在螢幕上停留很久，都是去仁川市西區、京畿道廣州市五浦、上溪洞⑧等長程的呼叫，雖然收費高，少則二萬五千元，最多可到四萬五千元，但如果接了，這個時間要回來肯定會花更多計程車費。

其他代理駕駛也是同樣的想法，所以才不接吧。但最終還是有人接下了，那些呼叫也一一消失。就這樣看著手機，時間已過午夜。我原本是個在晚上十一、二點入睡，凌晨五、六點起床的晨型人——現在我的大腦正在關閉中，不管是去哪裡的呼叫，我最擔心的是回家的路。

抓到爛單也傷心

還好不遠處有一個停著深夜巴士（N-line）的車站。我決定先坐深夜巴士去弘大或新村，希望在那裡可以接到去高陽市的呼叫。我第一次坐深夜巴士，發車間隔是三十～五十分鐘。我在巴士站等了半天，好不容易才發車，在車上我也盯著代理駕駛APP，若路上有接到合適的呼叫就下車。巴士經過好幾個區域，APP上的紅點不斷出現又消失，但是有四個紅點一直都沒有消失，其中一個是我。啊，這麼說來，這輛巴士上除了我之外，還有三名代理駕駛吧。

巴士越過楊花大橋⑨，駛入合井站⑩十字路口。現在雖然已經凌晨一點半

⑧ 編註：位於首爾東北部的蘆原區。

⑨ 編註：位於首爾，橫跨漢江，連接北方的麻浦區和南方的永登浦區。

⑩ 編註：位於麻浦區西橋洞的地鐵站。

了，但APP上的地圖畫面還是被染紅了。

「唉，在這裡應該很難搶得到呼叫吧。」

我沒在弘大下車，而是一直坐到新村。新村的紅點比弘大少。我坐在車站的長椅上等待呼叫，環顧四周還有六個人，包括我在內的三個人一看就知道應該是代理駕駛。穿著舒適不失端莊的服裝，目不轉睛地盯著連接著行動電源的手機，這種人八成是在等呼叫的代理駕駛。

坐在我旁邊的中年男子轉過頭跟我搭話。他也是一眼就認出我的身分吧。

「今天跑了很多趟嗎？」

「我八點出來，才三趟而已。」

「看來你是新手，最近雖然因為疫情關係有點影響，但一個晚上至少還可以跑個五趟以上啊。」

「……」

「用什麼？Kakao？」

「對。」

我等於承認自己是「菜鳥」了。未使用代駕業界最大的「Logi」APP，而是用入門簡單但市占率小的Kakao APP，這種人十之八九不是新手就是兼職。他識破了我的底細，語氣也變得有點挑釁。

「一整天就只接到爛單啊。」

「爛單？」

「就是費用低，跑一趟又很難脫身的地方啊。」

「看來好像是。」

「好單都被眼明手快的人搶走，新手就只能撿爛單啦。」

中年代理駕駛開始抱怨Kakao。

「最近因為新冠肺炎，本來客人就少了，一些開小吃店的撐不下去也跑來當代理駕駛。他們做得好我沒話說，但自從Kakao也弄個代理駕駛APP後，那些搞不清楚狀況的新手就變多了，亂接一通，把整個市場打亂，費用一直往下掉。我做這行已經十年了，經過了十年代駕費用還是一點都沒變。以前都收現金，基本上都是兩、三萬起跳啊，有的客人還會給小費。有時跑一趟中途繞去載客人的朋友，還可以額外收費，挺不錯的。但Kakao出來之後推信用卡扣款，不給折扣，也不讓人收小費。以前最好的時候，一個月賺四百萬元沒問題，現在一個月有二五〇萬元就要偷笑了。我看這一行也差不多了。」

聽著聽著我的心裡莫名有罪惡感，但也只能默默地聽，渾身尖刺的中年代駕前輩突然精神一振，手指在手機上點了幾下說道：「抓到一個往江南的。我先走了。好好撐三個月，就知道什麼是爛單不要抓了，加油吧。」隨即站了起來揚長而去，背影看起來就像競走選手。

咬住技術和低價競爭的尾巴

當天結束工作後，我坐上公車回家的時間是凌晨二點。晚上八點開始工作六個小時，賺到四萬二千元，扣除二〇%手續費，實得收益是三萬三千六百元，換算成時薪為五千六百元，不僅未達最低時薪（八五九〇元），一般夜間工作（晚上十點之後）應該加一．五倍（即時薪為一萬二八八五元），這樣看起來差距更大。想想還不如酷澎物流中心的下午班，可以輕鬆賺到七萬七千元。

當然，如果我熟練一點，接更多呼叫，跑長一點的距離，情況會不同，但我認為這是新手應該承受的「修習」。不過代駕似乎不是很有吸引力的工作，關鍵在於等待時間越長，收益就越少，這個工作受市場供需影響非常大。

就像在車站遇到那位有十年經驗的代駕前輩抱怨的一樣，代駕費用原地踏步，是因為加入代駕市場的人數大增，這方面也是受「技術發展」的影響。

●●●●

九〇年代中後期，隨著手機大眾化，代理駕駛市場急劇增長，但費用卻急轉直下。代駕市場需求增加，代駕仲介公司也如雨後春筍般出現，展開激烈的競爭。在餐廳和酒吧櫃檯陳列了各家代駕公司的名片，還有印上代駕電話的打火機。鬧區路上的電線杆和牆壁都貼滿了代駕廣告，地上散落的代駕傳單比菸頭還多。

有經費的代駕公司砸錢在廣播和電視上打廣告，甚至削價競爭，叫一趟的基本費用瞬間下降到一萬元，後來甚至還喊到只要五千元就行。代駕公司的戰略是不惜先自行吸收損失，也要提高市占率，成為支配市場的龍頭，但這樣惡性競爭到最後，只能自食惡果。

隨著技術發展，成為代駕的門檻不斷降低。智慧型手機出現，讓人們的生活有了巨大變化。即使不太會看地圖，也能透過智慧型手機導航去任何地方。想成為代駕，不需進行嚴格的面試，只要在手機上先下載APP，再進行簡單的登記和認證程序就可以了。可以說只要擁有駕照，任何人都能成為代駕。

特別是通訊軟體起家的 Kakao 加入，讓代駕的門檻從腰部高度降低到膝蓋高度。Kakao 於二〇一六年進入了代駕市場，當時受到一些既存的代駕仲介公司強烈反彈，但消費者並未站在代駕公司那邊，反而以行動迎接 Kakao 代駕的加入。原本的代駕公司雖然曾經聯合抵制使用 Kakao APP 的代駕，但仍阻止不了 Kakao 代駕在市場上占有一席之地。

Kakao 的成功與極限

二〇一六年中，Kakao 首次開辦代理駕駛服務，當時我就曾經叫過 Kakao 代駕。不必打電話到客服中心叫車，只要先在手機下載APP，輸入一些資料就會有司機了，APP畫面還會顯示即時訊息，可以知道司機正在途中、還有多久抵達等。看到司機位置已經在附近時，司機也正好打電話來。

「您在哪裡？」

因為GPS還是有些許誤差，所以司機到達客人所在地附近都會再打電話確認身分。

那天在回家的路上，我和司機聊天。

「當 Kakao 代駕會接到很多單嗎？」

「老實說比起其他同業少很多。」

「那你為什麼還要當 Kakao 代駕？」

「因為 Kakao 相對比較合理一點。」

「怎麼說？」

「手續費一樣是二〇%，但 Kakao 不用另外支付程式使用費，還會代付保險費。」

「在手續費中包含保險費嗎？」

「對。其他同業除了手續費之外，程式使用費及保險費都要自付，那些一個月加起來大概要一五萬元。對一個月能賺三、四百萬的人當然沒什麼影響，但一個月若只有賺一、二百萬，負擔就會很大。」

「Kakao 呢？」

「就是只收二〇%的手續費，裡頭包含了程式使用費和保險費，不管我賺多少，都只要付手續費就好。」

「那原本做代駕的應該都轉去 Kakao 了吧。」

「哈哈，這樣一來，Kakao 代駕的競爭就會加劇，每個人的接單數量反而會變少。現在還在草創期，雖然 Kakao 的司機不多，但單也不多。」

「為什麼？用APP叫車很方便啊，而且還可以用信用卡結帳。」

「會叫代駕的大多數是喝了酒的客人，喝了酒大部分會撥打自己熟悉的電話號碼，要操作APP就相對複雜。所以Kakao代駕在晚上十一點之前客人比較多，只喝一點的微醺客人比較會叫Kakao的車；超過十一點，喝到那個時間的客人大多是爛醉如泥了，也就沒什麼人會叫Kakao代駕了。而且代駕做久了都會培養自己的熟客，例如有的司機會提供優惠，搭十次送一次之類的，這種效果可不能小看啊。哈哈。」

●●●●

一般來說，想從事代駕，必須在代駕仲介公司登記，這樣才能加入代駕保險，使用代駕接單系統。代駕保險費率根據年齡而異，但最少每月要繳納五萬元，最多一五萬元。從事代駕仲介的有Logi、Call Maner、Icon等，每個系統平均每月要付一萬五千元的使用費。市占率最高的是Logi，還細分為Logi-1、Logi-2、Logi-3、Logi-4。代駕使用一～三個程式，一個月一萬五千元～四萬五千元的使用費。此外，仲介業者還會以「管理費」的名目收取一個月一萬五千元。因此要當代駕的話，每月會有八～一六萬五千元的固定費用。當然，每趟收取二〇%手續費是另計的。

但Kakao打破了代駕業界的慣例，在二〇%的手續費中包含了保險費、系統程式使用費、管理費，司機不必額外支付任何費用。對代理司機相對有利的手續費機制，加上Kakao在平臺營運上擁有支配市場的地位、資本實力等，Kakao代駕似乎很快就能掌握市場。但現實並非如此，Kakao代駕的市占率每年都上升沒錯，但並未達到壟斷的地位。

最大的原因是降低了代駕門檻，導致大量兼職司機加入，造成搶客競爭。全職從事代駕的人當中，幾乎沒有什麼人只使用Kakao的程式，因為只要打開APP，看到周圍代表Kakao代駕的紅點密集程度，就會喘不過氣來，而且很難接到好單，因此全職的代駕都不喜歡用Kakao，或者只是把Kakao當作備胎系統使用。對於喜歡「只收現金」的傳統代駕老司機來說，Kakao盛行的「系統自動扣款」功能也不太受歡迎。

沒人會教的代駕司機六大祕訣

下雨天不用淋雨，開四輪車比兩輪車安全，初期投資費用也不高，但要當代理駕駛也不是件容易的事。

首先，必須熟悉各類型車種。車子看起來大同小異，但每款車子的啟動、停車，以及手煞車、排檔桿的位置和操作方式都略有不同。還有因為車體大小不同，在轉彎、變換車道以及停車時都要多加注意。

雖然現在手排車比較少見，但也要慎重評估自己是否能開。還有每個人體型、手腳長度都不一樣，對於調整駕駛座的方法也要熟練（這時體型在平均值上下的代駕司機就很有利）。這些無法事先練習，得靠經驗累積。

第二，必須熟悉使用導航，但也不能完全依賴。就算開著導航走，自己仍要注意隨機應變。尤其是夜晚，很容易會發生錯過轉彎或來不及變換車道的狀況。若加上下雨，會連車道線都看不清楚。不小心走錯路，還會讓喝了酒的車主不耐煩，浪費時間，造成心理壓力。

第三，與客人溝通的方式。近來「安靜開車」是基本態度，喜歡與代駕聊天的車主也減少了。不過如果客人打開話匣子，還是要適時回應。遇到話不投機的狀況，也要沉著以對，稍稍附和一下就能過關。有時難免會聽到一些不入耳的話，忍一忍就過去了。

其實像那些喜歡用「想當年」或「現在的年輕人啊」開場的抱怨倒還好，有時一夜之間要被迫傾聽各種意見，像是對社會的不滿、對政局的見解，甚至還有家庭問題。代駕是情感勞動很重的工作，自己要適當緩解壓力，在路程中能維持良好氣氛也是一種能力。

第四，也是最重要的，就是要懂得避開「爛單」的能力。要掌握從出發地到目的地的距離與時間，即使同一條路線，也會有交通尖峰或離峰時間，同樣的收費，若剛好會遇上塞車時間就是自己的損失了。代駕的時間就是金錢。要先確認目的地、想好抵達後離開的方法再來判斷是否接單，這實際上是不太可能的。好單可是會被「秒殺」的。

第五，要確實掌握「脫身」的方法。把客人送到目的地後要怎麼離開呢？有些代駕會在原地再接單；有的地方可以坐深夜巴士回到出發地；有些地區代駕公司會安排接駁車，不然就是自己坐計程車，或抓準時間坐末班（或首班）公車、地鐵。這類資訊知道得越多，接單就會越便利。經驗豐富的代駕老司機在手機出現客人呼叫的瞬間，腦中已經畫出動線，接到爛單的機率才會降低。

第六，要知道哪些區域接單的機率比較高。首爾市的江南站、弘大、鍾路、新林⑪等「呼叫多的地區」，不一定容易接單，因為其他代駕司機也這麼想，所以競爭往往非常激烈。

相比之下，有些地區像是副都心，代駕的需求也不少。另外可以考量區域內的大眾交通設施，例如同樣是鬧區，鍾路的呼叫可能比弘大多，因為去弘大附近喝酒的人，大部分都是坐計程車或大眾交通工具。而會到鍾路或汝矣島⑫

---

⑪ 編註：位於漢江南側的冠岳區。

⑫ 編註：漢江上的一個小島，是首爾的金融與投資中心，被譽為「韓國的華爾街」。

的人，大多是開車的上班族，聚餐喝酒後叫代駕的需求相對較多。

這些祕訣沒有人會教，也沒有地方可以學，除了自己的經驗，和同業們聊天邊聽邊學也是很好的方法。還有近來流行在 YouTube 等社群網站分享，所以有空也可以上網搜索 YouTube 影片或看看一些社群裡的文章。不過，最終一切還是要靠自己。深夜在街頭徘徊奔波的代駕，是一份孤獨的職業。

為什麼代駕可以，但TADA不行？

從工作的「成就感」角度來看，代駕司機的成就感比酷澎、外送民族的員工低。九〇%的客人溫和又文靜，但莫非定律⑬總會讓你遇到不好的一〇%。尤其是深夜時間，越晚越能看見人性的真面目。喝得酩酊大醉，到了目的地還叫不醒的客人還算好的，如果沒付錢當然要把人叫醒，但若是先扣款了，頂多叫五分鐘左右，如果還不醒，就只能把人放車上離開。我也有那種酒鬼朋友，「明明叫了代駕開車回家，結果早上睜開眼人卻在車上。」

現在因為費用而引起的乘車爭議已經減少很多，但若同時載三個人回各自的家，計算方式就有些複雜。若是同一個方向還好辦，但也會出現完全不順路的狀況。所以若同時有多名乘客，就要事先詢問各自的目的地，溝通好路線順

⑬ 編註：莫非定律（Murphy's law）指「凡是可能會出錯的事，就一定會出錯」。

序再出發。

有時把客人送到家也停好車了，客人還會抱怨車沒有跟停車格平行，要求重新停車。或是明明要回家，途中客人卻又意猶未盡，嚷嚷著說還要去哪裡續攤、唱歌。

•••

不能期待代駕像外送員一樣，在見到因無酒精啤酒而滿足的孕婦，或是因烤腸而歡呼的小學生會面露燦爛笑容。儘管如此，也不能忽視代駕的社會性功能，就是預防酒駕。像韓國這樣代駕如此普及的國家很少見。

代駕之所以能夠成為一個產業，是因為有預防酒後駕車的社會共識。雖然在美國部分地區有「指定駕駛者專案」，比利時和德國法蘭克福有「Bob」，日本也有「方向盤守門員」等[1]，都是指一行人中要有一個人不喝酒，在聚會後負責開車的制度（餐廳會提供無酒精飲料給指定駕駛者），但畢竟還是不夠普及，也沒有什麼實效性。

在日本，如果酒後駕車被抓到，不只是酒駕者，連同車乘客、賣酒的人都會受罰，所以跟韓國一樣，代駕已經發展成熟。同時日本還制定了相關法律，從制度上保障代駕的資格和事故時的補償。特別的是，代駕不能單獨運行，也就是說必須兩人一組，代駕開著客人的車在前，另一人開另一部車在後，一同抵達目的地後再開車回去。韓國雖然代駕的觀念很普及，卻還沒有相關法律。

• • • •

「沒有相關法律」也是造成代駕產業不斷壯大的背景，顯例就是「優步」與「TADA」。在美國以提供載客車輛租賃及媒合共乘而掌握市場的優步，原本計畫在二〇一四年進軍韓國，但因韓國法律規定「禁止用私家車進行有償運輸行為」，所以沒能順利發展。接著在二〇一八年，韓國本土的TADA登場，標榜以「十一人座休旅車加司機」，進行實質上的租賃載客業務。

站在消費者的立場，我所搭的車是黃色車牌的計程車，還是白色車牌的TADA並不重要，只求安全、親切、乾淨的乘車體驗。

革新不能單靠技術來實現，「服務革新」也很重要。統計顯示，在TADA推出「不拒絕載客」的派車規範後，首爾市計程車拒絕載客的相關投訴減少了一半左右[2]。

TADA在市場上掀起了一陣旋風，而且人氣迅速高漲，迫使原本的計程車司機進行激烈的抗議。TADA利用法律的模糊地帶來營業，那麼只要改變法律就不能營業。於是在計程車業者的抗爭下，政府修改法律，TADA停止營業。但代駕卻沒有任何法律條款規範，在無人預料之下逐漸滲透到市場中，不知不覺發展成一種產業和文化，現在為了「公開化」制定法律的呼聲越來越高。但也只是呼聲而已。

●●●●

據推測，代駕產業的產值每年達三兆元，從事代駕的人數很難準確掌握，但據推算約有十六萬人[3]。讓我們思考一下，如果沒有代駕，喝酒的人怎麼回家？是不是乾脆一開始就不要買車比較好，還是買了車卻放在停車場，平時還是坐計程車。而從計程車業者的立場來看，代駕蠶食了二兆以上的市場。但奇妙的是，代駕並未受到任何反抗就滲透進市場。據說臉書的鼻祖應該是韓國早年的影片分享網站「Freechal」和社群網站「Cyworld」，那麼應該可以說「優步的鼻祖是韓國的代駕」吧。

優步和代駕，勞動和事業之間

優步是二〇〇九年在美國舊金山起家的新創企業，初期並未受到太大的關注，但隨著 Airbnb ⑭等所謂的「共享經濟」崛起，優步也急劇成長（最近已不再談論「共享經濟」這種幻想了）。在「汽車大國」美國，每戶家庭有二、三輛車是常態，優步啟發了「利用白天閒置在家的車子載人，還能獲得收益」這樣的想法，造成轟動。

• • • •

二〇一五年八月我到美國洛杉磯，住在離市中心較遠的一間商旅。第二天要去機場，巴士發車間隔時間要一小時，還要換乘不只一次，非常不方便，於是我問商旅的老闆：「早上六點叫得到計程車嗎？」他則提供給我另一個選項。

---

⑭ 編註：Airbnb 成立於二〇〇八年，是一個提供民宿出租的網站。

「計程車?很貴啊，至少要一百美元以上。還不如叫優步，到機場只要五〇美元。」

第二天早上我下載了優步APP，首次使用優步叫車。附近的車子顯示在螢幕上並移動，就像在看電玩遊戲「模擬城市」(SimCity)⑮的畫面一樣。輸入目的地（機場）後，系統顯示了車輛、司機頭像和預計費用。我按下接受，隨即收到五分鐘後抵達的訊息。

過沒多久，我的車子到了，是一輛白色的Sonata。司機詹姆士下車，爽朗地打招呼並幫我把行李裝進後車廂。他是一名看起來三十歲出頭的白人男性，我坐上車，車裡散發出「新車」的味道。

「你好，從哪裡來的？」

「你好，我從韓國來。」

「韓國?這輛車是『現代』的啊！」

「是啊，看起來應該才買沒多久吧。」

「嗯，之前我開家裡老舊的中古車兼職載客，後來決定做全職就買了這輛新車，做全職必須取得好的評價，所以必須有輛好車，這輛車我很喜歡，特別是藍光室內模式的照明我覺得很好。」

「做全職？看來開優步收入還不錯。」

「雖然不是百分之百滿意，不過對我和老婆兩人的生活來說綽綽有餘。」

「這樣啊，不過在韓國，優步是不合法的。」

「嗯，我聽說了。不只在韓國，在法國、德國等國也是非法的，我完全能理解，因為計程車司機們的反彈吧。」

「可是LA計程車也很多，在這裡沒關係嗎？」

「LA是很大的城市，但是大部分的計程車都集中在市中心，很多時候計程車不願意跑郊區，對消費者來說車費也很貴，所以郊區就由優步來跑，我也是主要跑郊區。算是一種共存吧。」

一路東聊西聊，約五十分鐘左右到達機場，車費四五美元。我用在優步登

---

⑮ 編註：在這款系列遊戲中，玩家的任務是建立並開發城市。

錄的信用卡結帳，另外給詹姆士五美元的小費。原本坐計程車要花一百美元，現在我只花了五〇美元，等於賺了五〇美元。這趟優步車費四五美元中，詹姆士可以拿到七七%，大約三五美元。扣除車子分期付款、保險及油錢等，這一趟詹姆士實際賺到大概二〇美元。對計程車司機來說則是少賺了一百美元。

• • • •

美國的優步和韓國的代駕在很多方面都相似。

美國的自用車普及率高，大眾交通不便讓優步的模式迅速成長。以美國紐約市的交通工具運輸分擔率來看，地鐵三二%、自用車二五%、公車一四%、鐵路八%、徒步八%、共乘六%、計程車一%、自行車〇・四%、渡輪〇・四%[4]。比起計程車，多六倍的市民選擇共乘，民眾的共乘接受度很高，為優步進入市場建立了良好的環境。

而在韓國，代駕的發展背景是以酒精測試儀來管制酒駕的制度、優秀的治安環境，以及先進的技術。

最重要的是，優步和代駕都利用沒有相關法律的模糊地帶而迅速發展。和優步一樣，代駕剛開始也有很多人是「兼職」，但現在專職司機逐漸增加。

優步司機和一般代駕司機的勞務提供形態也相似。不管是個人事業者、特殊僱傭勞動者，都不是符合《勞動標準法》定義的勞動者。美國的優步司機向優步公司提出訴訟，吸引了世界的關注。

優步司機們以「無就業成長」向行駛在康莊大道上的優步提起訴訟，主張「我們實際上也是被優步僱用的職員」。週休津貼、失業津貼等固然是問題，但在國家健康保險體系不健全的美國，公司是否提供健康保險將決定生活質量。

加利福尼亞法院制定了讓優步進行「ABC測試」的法案（AB5）。根據該法，優步在招募駕駛時，必須自己回答以下三個問題[5]。

A．是否不受公司的指揮和控制。

B．是否在公司非主要業務部門工作。

C．是否可從事與公司不同的獨立職業或事業。

因為法院的判決，優步就直接僱用所有司機了嗎？不。優步為了避開問題A，改變了幾項政策。之前會指引前往顧客目的地的路線，但現在改為司機自己看著辦。並取消了給駕駛評分的系統，藉此刪除會被判定為「公司的指揮和控制」的因素。

對於問題B，優步認為「我們是製造連接顧客和司機的應用程式的技術企業」，強調不是出租車公司。因為司機們不直接開發優步應用程式，所以不是在優步的主要事業部門工作。

至於問題C，優步表示「司機可以去開升降機，也可以當亞馬遜配送Flex，也可以直接攬客」。而且投入巨額資金向政界行賄。

優步甚至考慮設立僱用優步司機的公司，研究「迂迴僱用」的方法[6]。這在哪裡好像似曾相識。在韓國，TADA並未直接僱用司機，而是通過相關公司僱用，因此引發「非法派遣」爭議。總之，像優步那樣的平臺企業絕對不會直接僱用司機。

在韓國經營「Yogiyo」和「外賣通」，並收購了外送民族的德國企業「快遞英雄」，在澳洲接連提起要求直接僱用外送員的訴訟後，乾脆撤除在澳洲的子公司「Foodora」[7]。在加拿大，也因工會問題而結束加拿大的Foodora，並申請破產。只要條件不利，就毫不留戀徹底放棄[8]。

如果將ABC測試應用到韓國會怎麼樣呢？無論是代送公司還是代駕，即使平臺提示目的地，也不會提示路徑；不會為外送員評分⑯；不會因為沒有出勤而將人解僱。代送公司的外送員有上班的義務，但在合約上並沒有出勤義務（如果被認定為不誠實，就會被其他代送公司列為拒絕往來戶）。即使拒絕系統調度，也沒有特別的處罰。對習慣性拒絕系統調度者，以拖延呼叫的方式徵收罰款，如果嚴格適用法律，這種行為很快就會消失。

不強迫使用單一平臺或公司的應用程式。有的代駕司機同時使用三、四個平臺APP；也有接收數個代送公司派單的外送員。韓國的平臺為抹去「使用者」的影子，做了很多準備。

---

⑯ 原註：酷澎 Eats 原本有外送員評分制度，但後來取消。外送民族原想進行「等級制」，後來也延期。從企業的立場來看，為了提供優質的服務，服務提供者（外送員）的評價雖然有些混亂，但由於存在「指揮／控制」的爭議，所以不得不慎重。

不想被僱用的代駕司機和外送員也不少。有不想讓公司知道自己有「副業」的上班族，也有處於假扣押狀態而不想暴露收入的破產者，或是擁有「自由靈魂」不想被公司束縛等理由。優步和外送民族覬覦的「人力資源」就是他們。

第4章
平臺勞動的光與影

「WLB」還是「斜槓」，同根源的不同面貌

大學畢業後工作了三年，有一天突然嘆道：

「唉，我的人生中已經沒有『假期』了。」

從小學到大學畢業這十六個年頭，每年都可以享受暑假、寒假的生活。雖然就業後也有休假，但和連續一、兩個月都可以盡情休息的假期怎麼比呢？原來假期是如此珍貴啊，學生時期應該過得更充實才對（準確地說是應該玩得更徹底），現在回想起來真有點遺憾。

真正熱愛假期並「積極進取」的人會自己想辦法放長假，說穿了他們就是「專業離職者」。在換工作的空檔刻意休息一～三個月，放自己去享受假期。這些人不是只喜歡「玩」的懶人，有人會利用這段期間去學習、進修、運動等，過得很充實。

我在二〇二〇年一月辭職。辭職的目的不是跳槽，也沒安排旅行、進修或

運動，我辭職後第二天就開始應徵酷澎的臨時工，接著當外送員、做代理駕駛，還有就是抽空寫文章，反而比以前上班時更忙，當然並不是說以前很悠閒，在公司時也是常熬夜加班的。

對於休假的心態也發生變化。上班族時期一心只盼望週末到來，週五下午變得懶洋洋，但到了晚上就興奮了；週六一整天都心情愉快地享受假期，週日白天還是很開心，但入夜後憂鬱感就湧上心頭。現在已經停播的KBS電視臺「搞笑演唱會」節目，是在週日晚上九點播出，安慰憂鬱的上班族隔天週一要回去上班的心情。

離職後，「週末」的概念消失了。本來想說在人不多的平日休息，但其實離開了公司，卻仍要繼續工作。因為心想「平日想休息就休息」，結果卻是一直工作到週末。我所遇到的外送員、代理駕駛，大部分都是一週工作六天，甚至七天。因為沒了週休津貼，所以週末也要工作才能填補所得；因為被默許的契約條款，而必須一週工作六天；或是為了多賺一點等各種理由，在酷澎物流中心只有週末才出現的臨時工，實際上也是每週工作七天，因為都是「兼職」。

我認識一名代理駕駛，他說會離開前一家公司是因為工作太多了，但現在他每週工作七天，我問他為什麼？

「或許因為現在我可以選擇，所以不覺得累。」他說。

我做記者時曾報導過「個體戶危機」，探討隨著嬰兒潮一代退休加速，個人事業的發展速度也加快，那些自營業者在日趨激烈的競爭下所面臨的危機。當時採訪過一位在首爾麻浦區賣粥的店長，他是從中小企業退休的。

「退休後只要降低薪資，其實還是找得到工作，但我不想那樣。三十五年來都在別人手下任職，再也不想為別人工作，我也想當老闆。但老實說我沒做過其他工作，所以找來找去，結果還是開加盟連鎖店。現在工作做得比以前當上班族時還要多，但很有趣。只要捨棄一些貪慾，其實並沒有那麼難，而且這是我自己的事業啊。」

• • • •

二〇一〇年開始，韓國社會掀起「WLB」（工作與生活平衡）的風潮，W是工作（work），L是生活（life），B是平衡（balance）。比起加班、出差、聚餐，人們開始更想過屬於自己的生活，所以開始提倡「準時下班」。

當時這波風潮帶動了海外旅遊，健身中心等運動產業也迅速成長，還出現了各式各樣的社群。公司也在社會型態的變化下，不再強迫員工集體聚餐或乾脆取消，有些公司甚至下班時間一到就關電腦、關電燈。不過眼看那些六點一到就準時下班的年輕職員，一些老幹部們也會忍不住咂嘴，但WLB在汝矣島、鍾路、宣陵①等商務集中地區，已帶起一股革新的風氣。

是「尋找自我」的哲學時代突然來臨了嗎？WLB現象的背後是挫折感。雖然忠於公司，但期待能做到退休的上班族少之又少。現在已不是以忍耐為美德的朝鮮時代②，沒有必要凡事忍氣吞聲。加上房價就像童話《傑克與豌豆》裡的豌豆樹一樣直沖雲霄，上班族做到退休也很難買房。為了不確定的未來而犧牲現在反倒是一種損失，這樣的想法越來越強烈。

有個指標叫「PIR」(price income ratio)，即「房價所得比」。舉例來說，如果年薪一億元，房價要一〇億元，PIR就是十，然後媒體就會報導「要想在首爾市內買一間房，得十年不吃不喝」。以首爾為例，二〇〇〇年PIR是八左右，二〇一九年為十一．七[1]。房價上升的速度比薪資還快，而且即使PIR是十，也不代表花十年就可以買得起房子。

沒有人可以只賺錢、不花錢，就算把薪水的一半存起來，也要花二十年才能買房。薪資越低，儲蓄在收入中的占比就越低。將收入的三〇%拿來儲蓄的人，需要三十八年才能買房，而且房價上漲的同時，薪資也必須上漲。即使在二十五歲左右成功就業，但如果沒有成為前一〇%的高所得族群，退休時仍不能保證買得起房。

難道為了在六十五歲後擁有一棟房子，大半輩子都要像奴隸一樣生活嗎？不當富翁也能享受快樂嗎？於是，在WLB之後，又出現了「YOLO」（you only live once）、「小確幸」（微小而確定的幸福）、「極簡生活」等新的生活概念。

但到了二〇一九年以後，WLB、小確幸、YOLO等詞彙像晨霧一樣消失

---

① 編註：位於首爾江南區，是著名的觀光景點。

② 編註：朝鮮半島歷史上最後一個王朝，時間約為十四世紀末～十九世紀末。

了，取而代之的是「N job」，也就是「斜槓」，即擁有不只一個職業。以前就有「副業」、「兼職」的說法，例如大學生為了賺零用錢（或學費），每天在速食店或便利商店打工；孩子可以自理三餐之後，主婦們便到超市兼差貼補家用；還有下班後擔任代駕的上班族。但隨著智慧型手機的普及與平臺科技的發展，兼職的範圍逐漸擴大，主業和副業的區分越來越模糊。

上班族匿名社群「Blind」的調查結果顯示，三七%的上班族有副業，也就是斜槓一族[2]。斜槓的形態非常多樣，不只有過去常見的上班前送牛奶、下班後當代駕，現在隨著「當 YouTuber 在江南買房」的神話傳開，許多人下班後當起 YouTuber、做網拍或代購，或當「直播主」分享自己的專業或經驗。

近來隨著平臺業者增加與活躍，最熱門的斜槓就是外送。美食外送的「外民 Connector」、用自己的車宅配的「酷澎 Flex」已在市場上穩穩紮根，類似的服務平臺也持續增加。便利商店及超市龍頭 GS Retail 推出了名為「社區配送」的宅配服務。特色是招募退休人員、主婦與回家路上的上班族進行配送[3]。人們隨時都做好斜槓的準備，而提供斜槓的機會也持續增加。

是原本追求「清心寡慾」而高喊WLB、極簡生活、小確幸的人們，突然成了錢奴嗎？不是的，WLB和Njob看似相反的概念，但實際上根源相同，都是為了改善越來越匱乏的生活而努力。WLB之後，發現「經濟不自由就談不上其他自由」的現實；享受著極簡生活，當有了想要的東西時，感受到「我可以買，但不買」，與「我無法買，所以不買」的差異；說是小確幸，終究只是些小事而已，那麼還不如好好努力認真賺錢。

Njob熱潮依舊。外民Connector、酷澎Flex、Kakao代駕等，只要抽得出時間，就有賺錢的機會。這些平臺不會去計較年紀、性別、學歷，沒有傳統辦公室倫理問題。在網路上很多人問：「我的公司禁止兼職，做什麼工作可以不被公司發現？」與Njob一起出現的新詞是「FIRE族」③，意指用十～二十

③ 譯註：由經濟自立（financial independence）和早期退休（retire early）的第一個字母組合而成的新造詞，指實現經濟自立且自發性計畫早期退休的人（主要指在四十歲前後有計畫退休的傾向）。

年的時間拼命工作賺錢、極度減少支出，創造一〇億元以上的資產後就退休，從那時才能真正享受WLB、小確幸、極簡的自由生活。

Njob熱潮的背景，不只是副業市場的成長，還有穩定、高額收入的正職工作越來越少，不穩定、僅達到最低薪資門檻的非正職工作則增加。因為僅靠一份工作是無法擺脫貧困的，所以才會抽出時間凌晨去送牛奶、白天當電話行銷、晚上跑外送、深夜當代駕，週末再去物流中心揀貨包裝。這些是非自願的Njob。韓國人從小就經歷過早上七點到學校，晚上十一點才從補習班回家的生活，早已習慣密集的行程，在韓國，只有這樣才能生存下去。遺憾的是，無論是WLB或小確幸，說不定都只是想發牢騷而已。

老師的教誨，一億種子基金

二〇二〇年除了新冠肺炎，還有另一件事轟動韓國社會，就是「東學螞蟻運動」。當年三月疫情擴散，韓國股市爆跌，但散戶投資者卻像是「螞蟻」一樣成群投入股市，宛如一八九四年朝鮮王朝的東學道領袖全琫準，為了反對外國勢力和封建制度，號召農民發起的「東學農民運動」④。尤其這一波新進入股市的散戶，以二、三十多歲的年輕人為主，他們像螞蟻一樣過著 N job 生活，把目光投向資產市場。

④ 編註：十九世紀中期的朝鮮王朝面臨西方勢力的威脅，慶州人崔濟愚為了抗衡以天主教為主的西方文化（西學）而在一八六〇年創立了「東學道」，並致力於為農民爭取權益。由於東學道除了反洋教、反侵略之外，也反對儒教的「天命」說法，主張「人乃天」，因此被當時尊崇儒教的封建君主視為「邪教」，崔濟愚後來還被處死。全琫準在一八九〇年加入東學道，在一八九四年率領信奉東學道的農民起義，對抗當地政府的壓迫。

一九九二年我還在念高中時，以後考大學不會考的「工藝」課，是學生拿來補眠的時間。看著上課搖頭晃腦打瞌睡的學生，工藝課老師會有多難過啊。有一次上課，老師說：「今天我就跟你們講一個教科書裡不會教的現實故事。」

「現在坐在教室裡的五十個同學中，有幾個可以考上大學？也許有五、六人可以考上首爾的大學，十人上地方大學，十五人上專科大學。剩下來的二十人，你們連大學附近都去不了。自認是那剩下二十人的同學，要把我接下來說的筆記下來；覺得自己考不上首爾的大學的二十五名同學，也要認真聽。」

工藝老師平時也常蓋上課本，告訴我們一些「教科書裡不會教的現實」，通常是像汽車的內部結構，或發生故障時的緊急處理等生活中用得到的技術，但那天他要說的「現實程度」似乎不一樣，打瞌睡的同學也醒來豎起耳朵聽。

「高中畢業先去當兵吧，退伍回來就找個工作。在工作期間，每天只吃一餐，賺來的錢八〇%存起來，在最短時間存到一億元。等有了第一桶金，就去買三星電子⑤的股票，不然在盆唐買房。存一億元很難，但一億變二億、二億變四億、四億變八億、八億變一六億很容易。這就是資本主義社會。」

一九九二年三星電子的股價約二萬元，當時盆唐地區的三十二坪預售屋約五千萬元左右。有一億元可以買三星電子五千股，盆唐的新大樓二戶。以二〇二〇年的市價計算，三星電子的股價已達三百萬元（以面額分割前為準），而盆唐的房子一戶價值一〇億元。一九九二年用一億元買的股票，今日價值一五〇億；在盆唐購買的二戶房子則價值二〇億。當年的我沒聽懂工藝老師的教誨，真讓人心寒。

但即使照著工藝老師的話去做，現在的我也不一定擁有一五〇億。就算高中畢業先當兵，退伍後就業，每天只吃一餐，把薪水的八〇%存起來，要想存到一億至少也要十年（以當兵三年後就業，每年存一千五百萬元來算。因為高中學歷起薪低，一九九四年的最低時薪為一〇八五元）。就算存到了一億，在二〇〇一年買了三星電子的股票。這段期間股價大幅上漲，二〇〇一年三星電子的股價為三〇萬元，只能買三百股，雖然後來資產不足以達到一五〇億元，也

⑤ 編註：韓國三星集團旗下的子公司，韓國最大的消費電子產品與電子元件製造商。

還能達到一八億元左右。但事實是九九%並非如此。

二〇〇一年發生網路泡沫破滅⑥和九一一恐怖攻擊事件，導致股價暴跌，一天只吃一餐、辛苦存了十年的錢瞬間減半，或許就拿著燒酒瓶去漢江了（我有一位高中同學在大學期間靠炒股投資賺大錢，但在IT泡沫破滅時卻一蹶不振，像廢人一樣）。即使當時挺過來了，之後股價上升，恐怕也會受到衝擊，只要能賺五%就一口氣賣掉。因此，一九九二年開始持股，並獲得一五〇倍收益的人，除了李健熙、李在鎔父子⑦之外沒有其他人了。

• • • •

我在學生時代學到了「生產三要素」——土地、勞動、資本。在農業時代，土地最重要。土地多就能掌握財富和權力；擁有權力就能掌握土地和財富。在工業時代，如果要建立工廠並大量生產，金錢（資本）就非常重要。那麼「勞動」呢？沒有一個時代勞動是不重要的，只是價值的差異而已。

價值一億元的房子，以五〇萬元出租，年收益率為六%。若將一億元存入銀行，可獲得二百萬元的利息，年收益率為二%。用一億元去買房或買股票，都可以看到獲利（但也有可能會虧損）。根據《二十一世紀資本論》（*Le Capital au XXIe siècle*）作者湯瑪斯．皮凱提（Thomas Piketty）的說法，資本收益率（包括房地產、股票、存款等）平均為五%左右。也就是說，如果有一億，一年就能賺五百萬元。經濟成長率如果超過五%，不平等現象就會緩解；但如果經濟成長率在五%以下，擁有資本的資產家，其收益率就會提高，加劇貧富不均。

要擁有多少資產才是「富翁」？二十八年前的學生時代，工藝老師說「一億」，而最近流行的FIRE族的目標是「一〇億」。如果有一〇億元，資本收益率五%，一年就可以增加五千萬的收益。即使扣除稅金，只要省著點用，一年不用工作也能維持生計。但在存到一〇億元之前，勞動的收益率最高。如果工作一年能賺五千萬元，那麼我的勞動資本價值就是一〇億元（以資本收益率

---

⑥ 編註：一九九〇年代末期，網際網路興起，吸引大量投資，相關產業股價狂飆，在二〇〇〇年三月達到高峰，但這片榮景在二〇〇一年左右如泡沫破滅，造成許多企業倒閉。

⑦ 編註：李健熙是三星集團已故前董事長，長年位居韓國首富。李在鎔是其獨子，現為三星集團副董事長。

五%為準）。如果年薪一億，那麼我的勞動資本價值就是二〇億元。雖然聽起來很現實，但這就是「人力資本」。為了提高人力資本的價值，我們在不知不覺中進行大量投資，不斷努力，與別人展開激烈的競爭。在這裡只能再次借用徐太志的歌來表現。

「要成為更有價值的你，勝過坐在隔壁的孩子，踩著一顆顆腦袋往上爬，成為更成功的你。」

●●●●

二十世紀是人力資本急劇成長的時代。過去被土地束縛的年代，產量的侷限性非常明顯。假設三千坪農地需要五名人力，一年可生產一千袋米。那麼父母、老大、老二、老三等一家人一起種田，每人的產值是二百袋。就算後來生了老四，也一起種田，總產量不變，每人的產值就會減為一六七袋；再加入老五，每人產值就會減為一四三袋。因此，直到馬鈴薯與地瓜等外來救荒作物（famine food）普及、插秧法和荒地開墾活躍的朝鮮時代中期為止，人口增加到一千萬左右，產量也沒有太大變化。

但在產業化時代就不同了。隨著農業機械化，以三千坪的農地來說，父母兩人操作機器就能耕種，三個孩子則可以進城去工廠賺錢。如果工廠一年的薪資可以讓每個人買二百袋米，那麼這個家庭的年產量將達到一千六百袋米。若老四、老五出生，長大也去工廠工作，那麼這個家的年產量就會增加到二千袋米。從「土地」是所有財產的時代，變成「子女」是全部財產的時代。我們看著投資房地產、股票而致富的人，難免羨慕又嫉妒，但事實上從古至今，更多的是透過努力工作而致富的人。

當年工藝老師要我們像螞蟻一樣工作和儲蓄，再去投資股票和房地產，但事實上成功率最高的投資是「人力資本」，也就是要提高自己的勞動價值，因為它會隨著時間成長、增值，成功率也會越來越高。但在二十一世紀，進入低薪的時代，高薪工作的窄門越來越窄，老一輩踢開了階層的隔閡，而在資訊化社會長大的聰明新生代，會將目光轉向資產市場是理所當然的結果。

消逝的職業

像酷澎、外送民族、Kakao 這些平臺企業，正在打造「訂閱型經濟」，也稱為「平臺經濟」。在這些企業工作就叫「訂閱型勞動」、「平臺勞動」。從酷澎、外送民族、Kakao 等平臺企業成長的可怕速度來看，平臺勞動工作也會持續增加。背景基礎就是技術發展。

技術的發展（變化）必然會導致失業。以前的人用手抄寫，做這種工作的人稱為「筆耕士」，但印刷技術發展後，這個職業就消失了。工業革命時期，織布機發明後，原本用手一針一線織縫的工人也失去工作。這就是「結構性失業」。

所幸在二十世紀，新出現的職業比消失的職業多，尤其是隨著機器的發展創造了高生產效率，社會整體財富因此提升。工廠工人的薪資提高，他們願意花更多錢得到更好的服務，因此帶動服務業工作的增加，形成良性循環結構。

第二次世界大戰以後，工業化發達的國家在經濟規模方面成長了一百倍以上。

這是二十世紀的狀況。但對於因技術發展而面臨失業危機的人來說，他們毫不關心社會整體利益，因為眼前最重要的生計受到威脅。因此在十八世紀，英國的紡織工人們才會發起破壞機器的「盧德運動」。

計程車司機雖然是因二十世紀的技術發展而誕生的行業，但到了二十一世紀卻成為受到技術發展威脅最大的職業之一。七〇年代，計程車司機的收入僅次於大企業職員。能進入銀行、建設公司、貿易公司（綜合商社）工作，是足以宴請左鄰右舍的「喜事」。當時這些公司的起薪約一〇～一五萬，而計程車司機的月薪不亞於他們。所以當時民間流傳著「年輕人排隊應徵計程車司機」、「年輕的計程車司機是理想對象」等評價。

計程車司機能賺錢、受到歡迎的原因是當時汽車並不普及（一九七六年蠶室十五坪國宅售價約為四三〇萬元，而現代汽車推出的 Pony 售價為二三〇萬元），因為汽車並不常見，所以擁有開車的能力本身就很罕見。要成為計程車司機，必須接受數月的訓練，並通過競爭激烈的考試才行。成為計程車司機後，有很長一段時間必須坐在副駕駛座觀摩學習。當時的計程車司機不僅開車技術要熟練，而且還要十分了解地理。那可是沒有導航的年代，如果乘客說：「麻煩去雙門洞⑧。」司機先拿出地圖查看，乘客會有什麼感覺？如果遇到熟悉首爾市內大街小巷的人，都會讚揚他：「可以當計程車司機了。」

經驗越多，營業能力就越強。計程車司機所需具備的重要能力之一，是要知道什麼時間、在哪裡要坐車的人最多。在還有實行宵禁（晚上十二點以後禁止外出）時的晚上九點到十一點，以及解除宵禁後的晚上十點到凌晨二點，是載客的尖峰時段，鍾路、新村、弘大、江南站、良才站⑨等鬧區，或像首爾站、永登浦站⑩等流動人口較多的地方，乘客最多。但這些地方通常會有很多計程車等著載客，所以競爭非常激烈。

---

⑧ 編註：位於首爾北方的道峰區。

⑨ 編註：位於首爾漢江以南的瑞草區，該站是有兩條鐵路交會的換乘站。

⑩ 編註：首爾西南側的重要車站，有多條鐵路線交會。

除了那些大家都知道的鬧區之外，有些司機還會知道一些「隱藏」的載客地點，這就只能靠經驗累積才能掌握。經驗多了，還能從乘客的衣著或隨身物品、站立的姿勢，分辨出是長途還是短途、喝了多少酒等。如果載到喝得酩酊大醉的客人，連自己家在哪都說不清楚，可能因此在街上徘徊；或是客人在車上嘔吐，為了清理，可能當天都不用做生意了，因此計程車司機也要做好風險管理。

●●●●

那麼，今日的狀況又是怎麼樣呢？

第一，開車已成為全體國民的基本能力。一九七二年，人口為三三五〇萬人，持有駕照的只有六十萬人，占全國人口的一．八%。二〇一八年，持有駕照的人達到三千二百萬，占全體人口的六二%；若以成人人口的比例來看，則超過八四%，可以說逾八成的成年人有駕照。開車不再是入行的特殊能力。只要有意願，任何人都可以當計程車司機。

第二，因為導航儀器的出現，就算是路痴也可以開計程車。在導航儀器不像現在這麼精確的年代，人們還是不太信任機器，所以經驗豐富的計程車司機通常會問：「要照導航走，還是照我知道的路走？」乘客大多會說：「就照你熟悉的路走吧。」

因為早年導航儀器只會指出最短的路線，但無法告知交通情況，例如有沒有塞車、哪個路段在施工等，計程車司機的經驗和情報網更可靠。但現在的導航儀器已經可以即時反映交通狀況，指出最佳路線。現在的司機如果不照導航指示走，反而很容易被懷疑故意「繞路」。

這幾年叫車與結帳都可以透過手機APP處理，而且APP會預先規畫路線，計程車司機失去選擇道路的自由。在釜山住了一輩子的人，到首爾第一天就可以開車上路了。

最後，計程車司機的「營業能力」也變得毫無意義。隨著APP叫車技術的發展，系統同時也在累積數據，掌握何時何地乘車需求多，讓計程車司機不用開著車到處尋客。比起注意有沒有人在路邊招手，現在司機更需要把眼睛、耳朵和手指都放在手機上，才不會錯過乘客。系統會自動媒合司機與乘客，司機也就不需要辨別乘客有沒有喝醉、長途還是短途的掃描能力了。

隨著汽車的普及、道路系統的進化、導航儀與智慧型手機的出現，對計程車司機技術熟練度的要求逐漸降低。Kakao 也推出計程車服務，在招募司機的廣告中這樣寫道：

「透過人工智慧系統，任何人都能做到。」

人類逐漸成為AI的四肢了。

機器人法官的時代也會到來嗎？

「任何人都能做到」意味著薪資下降。與「對熟練度的要求降低」成正比，計程車司機的收入持續減少。曾經等同於大企業員工起薪的計程車司機收入，今日已降到最低薪資的程度。從八〇年代中後期「私家車」時代以來，也出現了維護「計程車司機生存權」的聲音，「公司抽成」制度的爭議也持續了三十年。再加上近來各類計程車的出現，在制度上的矛盾也進一步加深。

據統計，首爾市計程車司機的平均年齡超過六十歲，六十五歲以上占全體計程車司機的二七％[4]。計程車司機不再是年輕人憧憬的職業，甚至已經沒有意願了。儘管如此，計程車司機還是靠制度性壁壘（法律）延長職業生命。目前仍需要有人握著方向盤開車，但對技術熟練度的要求將逐漸減少，一旦自動駕駛汽車登場，計程車司機的命運，應該就像眼睜睜看著彗星撞向地球的恐龍一樣吧。

以技術為基礎而成長的平臺勞動工作，大部分可能會像計程車司機的命運一樣，如果自動駕駛系統正式登場，那麼比起「載人」，首先應該會用於「載物」，宅配、快遞、外送業者都會被機器人或無人機取代。或許不是無人機，像是日本還提出在城市地下構築送貨機器人專用地道網的構想，這樣看來，也許宅配人員會比計程車司機更早消失。如果 Kakao 代駕的市場占有率提高，以人工接聽乘客叫車後，在系統中鍵入資訊的代駕公司客服人員也將消失。如果酷澎等網路購物中心的占有率提高，那麼社區型超市、量販店的立足之地將越來越少。從這個角度來看，韓國社會對技術變革帶來的社會變化感覺比較遲鈍。

• • • •

二〇一〇年代初期，易買得（E-mart）、Homeplus、樂天超市（Lotte Mart）⑪等大型超市量販店進駐社區，造成傳統市場、社區超市的老闆們強烈抗議，後來政府因此制定了限制超市入駐與強制公休日等制度。但不到十年，大型流通業開始自行整頓實體店面。因為隨著酷澎、Market Kurly 等新興的網路電商強者出現，流通業也把重心轉移到網路上。

特別是新冠肺炎疫情，讓這波趨勢進一步加快，有人還給予積極評價，認為得益於網路電商流通業發達，才使得新冠肺炎疫情沒有進一步擴散。

但是網路電商對區域商圈沒有影響嗎？小商販們現在正與「看不見的商店」進行對抗，但沒有人提出，為了小商販，應該對網路電商有所規範。

當然，網路電商的發達，也會創造新的工作機會，例如需要更多宅配員，物流中心也需要更多人力。但這就像以手工編織的匠人們到紡織工廠，卻只進行單純重複的工作一樣。技術的發展會提高生產效率，為消費者提供更便宜、更便利的購物型態，然而有些人卻被排除在這一股巨大洪流之外。

特別是人工智慧的發展，也會威脅到需要高熟練度的行業。醫療界對於「遠距醫療」抱持矛盾，不久的將來或許就會由機器人來診斷和動手術。在棒球或

---

⑪ 編註：易買得隸屬於新世界集團，創立於一九九三年，是韓國歷史最悠久、市占率最大的零售商，排名第二的是Homeplus，隸屬於樂天集團的樂天超市則位居第三。

足球比賽中，也正在實驗由機器人擔任裁判。如果運動比賽可以出現機器人裁判，那麼接下來呢？現在是由人類在法庭上扮演審判的角色，比起人類，機器人或許能更嚴謹地履行職責。過去讓弱勢老百姓憤恨的「有錢無罪、無錢有罪」、「前官禮遇」⑫等潛規則或許都會消失。如果由AI機器人負責財務會計，那麼企業內部的貪汙、掏空或許也不會再發生吧。

媒體界也一樣，過去報社需要大量人力，全國各地需要配置駐地記者，好隨時掌握第一手消息。但如果有了人工智慧，網路新聞的配置可以交由AI負責。股市新聞、體育比賽結果等單純的報導內容也可以由AI來整理撰寫。NC Soft公司不只創造了電玩遊戲「天堂」，現在更與韓國聯合通訊社⑬聯手打造能寫天氣預報的人工智慧系統。NC Soft表示，天氣預報這樣單純的內容可交給AI，人類則專注在更深入的報導。但誰也不敢保證未來AI會不會變得更聰明，甚至能寫深度分析報導，會犯錯的人類或許將被趕出傳播媒體。

財富兩極化，人力資本也兩極化

對技術發展持樂觀態度的人認為，新的工作機會還是會繼續出現。這當然不無道理，但與技術相關的新工作機會，不知何時起已成為「無法逾越的四次元壁壘」⑭。代理駕駛成為自動駕駛汽車工程師，外送員成為配送機器人開發者，社區超市老闆成為制定物流中心作業演算法的程式設計師，這些可能性有多大？加油站的職員原本不需要特別證照，但為了迎接自駕車時代來臨要建立氫能充電站，必須取得天然氣安全相關證照。二十世紀初因汽車的出現而沒了

---

⑫ 編註：前官禮遇是指法官、檢察官和政府部門高層官員退職後，擔任律師事務所或大企業的律師或顧問。其爭議點在於，以法官退休後擔任企業律師為例，承審法官可能會基於前後輩等人情關係，而給予該名企業律師勝訴的「禮遇」。

⑬ 編註：韓國的國家官方通訊社，也是韓國最大的新聞媒體通訊社，負責提供新聞給韓國的報紙、廣播、電視與其他媒體。與 NC Soft 的合作是從二〇一八年開始。

⑭ 編註：人類生存在三次元的世界，四次元因此常用來形容難以理解的領域。

工作的馬夫，仍具有對城市交通瞭若指掌的優勢，所以只要學會開車還是能成為司機；但進入自動駕駛時代，計程車司機們將無處可去。

新產生的好工作門檻高、數量少。相反地，僅達最低薪資水準的單純工作會越來越多，結果就是現在的不平等。二十一世紀不平等的最大特點之一就是人力資本兩極化。主導財富兩極化的勢力不再是世襲的財閥，而是被稱為「新創家」或「超級經理人」，白手起家型的企業家或技術菁英。

二〇二〇年《富比士》（*Forbes*）雜誌發表全球前五名富豪，第一名是亞馬遜的傑夫·貝佐斯[5]。他的父親曾在全球石油企業擔任主管，在貝佐斯草創亞馬遜時期給予投資，但並不是財閥。排名第二的是比爾·蓋茲（Bill Gates）。他的父親是律師，母親是銀行主管，家境不錯，也接受了很好的教育，但並未從父母那裡繼承財富。排第四的華倫·巴菲特（Warren Buffett），父親是股票經紀人，他繼承到的是對股市的關注，而不是巨額財富。還有排名第五的甲骨文公司（Oracle）⑮共同創辦人勞倫斯·艾利森（Lawrence Ellison）、排第七的臉書（Facebook）創辦人馬克·祖克伯（Mark Zuckerberg）等，大部分都是白手起家的人物（但排在第八、九、十名的都是沃爾瑪（Walmart）[16]創始人的子女們）。此外，像是史蒂夫・賈伯斯（Steve Jobs）、特斯拉執行長伊隆・馬斯克（Elon Musk）等人，都是因革新創意與技術而創造財富的富翁。

產業中心軸的變化也很明顯。二〇〇〇年，美國企業在股市中的市價總額排名，從一到十依序是奇異公司（General Electric）、埃克森美孚（Exxon Mobil）、輝瑞（Pfizer）、思科（Cisco）、沃爾瑪、微軟、花旗集團（Citigroup）、美國國際集團（American International Group）、默克（Merck）、英特爾（Intel）[17]。到了二〇二〇年，依序是蘋果（Apple）、微軟、亞馬遜、阿里巴巴（Alibaba）、臉書、字母控股公司（Alphabet）C股、博通（Broadcom）、字母控股公司A股、

---

⑮ 編註：跨國軟體公司。曾是繼微軟（Microsoft）之後，全球收入第二多的軟體公司。

⑯ 編註：美國的跨國零售企業，也是世上最大的零售商。

⑰ 編註：奇異公司是源自美國的跨國綜合企業，經營產業包括電子工業、能源等。埃克森美孚是美國總市值最大的石油公司。輝瑞是全球最大的製藥公司。思科是跨國綜合技術企業，開發、製作和售賣網路軟硬體等高科技產品。花旗集團是世上最大的投資銀行與金融機構。默克是大型藥廠。英特爾是世上第二大半導體公司。

嬌生（Johnson & Johnson）、沃爾瑪（以二〇二〇年七月一日為基準）⑱。曾經在十名以外的蘋果占據了第一名，亞馬遜則遠遠超過沃爾瑪，位居第三。還有谷歌、臉書等二〇一五年才上榜的公司，現在都名列前茅。

這些新興技術企業主導產業。奇異公司、埃克森美孚等大量僱用勞工、給予好職位的企業，正在落後。取而代之的是，由少數高額年薪者組成的谷歌和臉書等技術企業，以及量產「零碎勞動」的亞馬遜。

• • • •

韓國又是如何呢？二〇一〇年從KOSPI⑲市價總額前十名的企業來看，排在第一的是三星電子、第二是浦項鋼鐵（Posco）、第三是現代汽車、第四是KB金融、第五是韓國電力（Kepco）、第六是新韓控股、第七是LG電子、第八是現代摩比斯（Hyundai Mobis）、第九是LG顯示器、第十是LG化學⑳。除了浦項鋼鐵和韓國電力等民營化的國家基礎產業和銀行外，以三星、現代汽車、LG等重工業為主力的財閥集團占了六家。

到了二〇二〇年產生變化，第一仍是三星電子、第二是SK海力士（SK

Hynix）、第三是三星生物製藥、第四是Naver、第五是三星電子（優先股）、第六是LG化學、第七是賽特瑞恩製藥（Celltrion）、第八是三星SDI、第九是Kakao、第十是LG生活健康（以二〇二〇年七月為基準）[21]。三星雖然堅守穩

---

⑱ 編註：字母控股公司是谷歌的母公司，有A股、C股兩種股票，主要差異在於A股的股東對公司決策有投票權。嬌生是保健產品與醫材製造商、藥廠。

⑲ 編註：韓國綜合股價指數（korea composite stock price index）的縮寫，是韓國交易所的股票指數。

⑳ 編註：浦項鋼鐵是世上最大的鋼鐵製造商之一。KB金融是在韓國擁有最多客戶與服務據點的綜合性金融集團，旗下有KB國民銀行、KB證券等子公司。韓國電力是韓國最大的電力公司，韓國超過九成的電力都由該公司提供。新韓控股的前身是韓國第一家民間銀行，主要股東為新韓金融集團。LG是一家跨國企業集團，旗下有八十一家企業，主要經營電子、通信技術、家電、化學等領域。現代摩比斯是汽車零件公司，為現代汽車的主要供應商。

㉑ 編註：SK海力士是一家電子公司，全球二十大半導體廠商之一，主要股東是韓國第三大財閥SK集團。NAVER是韓國第一大入口網站。賽特瑞恩製藥是全球生物相似藥大廠。三星SDI是電池和電子材料製造商。LG生活健康主要經營化妝品、生活用品和飲料，是可口可樂在韓國的生產商和經銷商。

固的地位，但現代汽車集團不見了，LG電子系列（LG電子、LG顯示器）也不在其中，銀行和浦項製鐵、韓電也缺席。

其中最引人注目的是Naver與Kakao、賽特瑞恩。雖然新冠疫情讓「非接觸」、與「生物」相關企業在股市獲得高評價，但在引領新產業的領域，「白手起家」的新創與技術企業家的崛起尤為明顯。在他們後面還有NC Soft、樂線（Nexon）㉒、酷澎、外送民族等備受矚目的技術企業。

白手起家的企業家越多越好。早期鄭周永、李秉喆㉓等白手起家的企業家主導經濟，為韓國創造高經濟成長率。到了現代、三星時期，因為僱用人數大增，企業的利潤分配相對均勻。但一九九〇年代後半期發生外匯危機之後，勞動所得的差距開始急劇拉大。

根據二〇一二年金樂年教授的研究，一九九六年年薪排在前〇．一%的平均年薪為二億一三四六萬元，到了二〇一〇年達到五億四四三五萬元，翻了二倍。同年度前一%的年薪，也從一億六二四萬元來到一億八七九五萬元，上漲了七七%。如果將範圍擴大到前二〇%的話，一九九六年為四八四九萬元，二〇一〇年達到六八五六萬元，上漲了四一%。相反地，倒數二〇%的平均年薪從六四九萬元減少為四九二萬元，減少了二四%[6]。

反映收入不平等的指標有「五等分位差距倍數」。這是將前二〇%的收入除以倒數二〇%的收入所得出的數值，數值越高，收入不平等程度越嚴重。二〇一五年此數值下降到四．一九，但二〇一九年上升到五．三[7]，不平等的現象正在加劇。雖然經濟持續增長，但並非製造業在主導成長，而是由僱用需求較小的尖端技術企業主導成長。今後「沒有僱用需求的經濟成長」還會持續。

收入兩極化不必用複雜的統計呈現，其實人們在生活中也能切身感受到。時薪一五美元的美國亞馬遜物流中心員工，工作一年能賺到三萬六千美元。但亞馬遜總公司新進程式開發者的基本年薪就達一〇萬九千美元，加上平均二萬二千美元的獎金[8]，加起來年收入將超過一億五千萬韓元。

㉒ 編註：樂線是一家遊戲開發公司，主要作品有跑跑卡丁車、神之領域、新楓之谷等。

㉓ 編註：鄭周永是現代集團創辦人。李秉喆是三星集團創辦人。

韓國酷澎物流中心日薪制員工的時薪為八五九〇元。若為短期約聘員工，月薪約一九〇萬元，年收入為二二八〇萬元。據了解，酷澎總公司程式開發者的年薪超過九千萬元。

二〇二〇年九月，酷澎為了解決幾個物流中心人力不足的問題，在招募約聘員工時，提出給予最多八〇萬元的入社祝賀金。酷澎在二〇二〇年六月公開招募開發人員時，提供入社祝賀金五千萬元[9]。從一家公司呈現出來的樣貌，或許看不出工作職缺是否增多，但工作質量與薪資的兩極化將會進一步擴大。

無所屬者的悲哀

不平等會威脅社會的穩定。美國歷史學家沃特・席代爾(Walter Scheidel)㉔認為，不平等現象嚴重的話，會出現「戰爭」、「革命」、「國家崩潰」、「傳染病」，即所謂的「平均化的四騎士(knight)」[10]。中世紀歐洲因黑死病導致農場一一崩潰，工人的薪資上漲。第一、二次世界大戰後，西歐和美國開啟了中產階級時代。在俄羅斯、東歐、中國、朝鮮等地，社會主義革命帶來平均化（結果可能是下降的平均化）。以上的共同點是「暴力」。如果暴力蔓延，會有更多富翁失去更多東西。

㉔ 編註：出生於奧地利的經濟史家，現為美國史丹佛大學古典學與歷史學教授，主要研究領域包括羅馬史、古代社會經濟史、前現代歷史人口學，強調比較經濟史與跨學科研究，著有《大逃離：羅馬帝國滅亡如何開啟現代經濟大分流》（衛城出版）等書。

二〇二〇年，平準化（leveling）的報導又出現了，這次是一種名為「新型冠狀病毒」的傳染病，平準化會再次到來嗎？表面上不平等現象越來越嚴重。無法居家辦公的自營業者等弱勢團體的工作正在受到威脅。世界各國政府為了防止經濟不景氣，紛紛投入巨額資金，但流動資金卻引發了股票等資產價格的通貨膨脹，讓富者更富。

亞馬遜貝佐斯的財產突破二千億美元，消息傳開後，一百多名員工聚集到華盛頓的貝佐斯家門口，要求提高最低薪資。他們抗議說：「貝佐斯每秒賺四千美元，為什麼我們要拿一五美元的時薪？」要求提高時薪到每小時三〇美元。他們在貝佐斯家門口設置了斷頭臺[11]，就像十八世紀的法國巴黎一樣㉕。美國參議員伯尼·桑德斯（Bernie Sanders）㉖甚至主張「應該收回因新冠疫情而獲得的財富」。

隨著非接觸經濟的活躍，酷澎、外送民族等行業迎來了繁榮景象。但相對地，代理駕駛卻受到直接衝擊，還有保險業務員、信用卡推卡員、課輔老師、街訪問卷調查員等「特殊僱用勞動者」，因為沒有加入僱傭保險，因此不能領失業補助，只能自己承擔損失。對此，政府提出只要能證明「收入減少」，最多可獲得每月五〇萬元支援金，最多可領三個月（一五〇萬元）的支援政策。但條件非常苛刻，必須是在二〇一九年十二月以前未加入保險的特殊僱用勞動者，並提出當時收入和現在收入減少的憑證。與真正的失業補助相比，這筆支援金是少之又少。

從二〇二〇年二月開始加入外送與代駕行列的我，也是特殊僱用勞動者，所以去了解了一下是否可申請支援金。先說結論，一分錢也拿不到。若想申請支援金，必須證明因新冠疫情而使收入減少了二五%以上。同時在二〇一九年十二月之前就是特殊僱用勞動者的身分。雖然我的收入明顯減少，但二〇一九

㉕ 編註：相傳最早的斷頭臺可追溯到十四世紀。在法國大革命期間（一七八九～一七九九），斷頭臺是主要的行刑工具，最有名的受刑人是法國國王路易十六（Louis XVI）。

㉖ 編註：桑德斯的左派作風強烈，自稱「民主社會主義者」（democratic socialist），曾主張要打造一個適合全民的經濟，而非只服務超級富豪。他也曾在二〇一五年、二〇一九年兩度競逐民主黨總統提名初選。

年十二月之前我仍在公司上班，因此不符資格。雖然新冠疫情讓我「現在」過得很辛苦，但因為我的「過去」，仍無法申請支援金。

廣大的特殊僱用勞動者也產生不滿，支援金的規模本身就很小，又很難證明收入減少。要去蒐集那些文件，過程複雜且費時，甚至必須空出一、兩天無法工作。提交文件後，審查要花一個多月的時間。失業補助是想都不敢想，這時不屬於任何「公司」的悲傷，比任何時候都嚴重。這讓我重新認真地思考，在我們的社會、我的人生中，「公司」的意義到底是什麼。

公司就代表身分

在被稱為「韓國的精神文化首都」的慶尚北道安東市，有座名為河回村的老村莊。從空中看，這是位於馬蹄形狀的洛東江彎內側的寧靜村莊。「河回」就是「江河回轉」的意思。因為是江邊，腹地廣闊，一看就覺得很適合農作。從朝鮮時代開始，這裡就很有名，是豐山柳氏的發源地，壬辰倭亂時的名宰相柳成龍㉗就是這裡出身。

村子中間有一個叫「北村宅」的大瓦房。朝鮮時代的建築無論是瓦房還是茅草房，大部分都是平房，而北村宅的房屋是複式建築，非常神奇。北村宅是

㉗ 編註：朝鮮王朝時期的政治家。壬辰倭亂是指一五九一年（壬辰年），日本（即倭）的豐臣秀吉致函朝鮮國王，希望隔年能借道朝鮮進攻明朝。但隔年豐臣秀吉卻突然派兵入侵朝鮮，戰事遍及朝鮮半島全境，直到一五九八年豐臣秀吉逝世才告終。

豐山柳氏的宗家，也是該村地主的家。至今仍有人居住。

我在二〇一六年曾去過，在大門前有個介紹北村宅邸的布告欄[12]，內容是這樣寫的：「十九世紀末東學農民運動時期，東學軍也進入村莊，但是東學軍不僅沒有攻擊這座宅邸，反而是磕頭完就離開了。因為其他地主收取六〇%以上的佃租，這座宅邸的主人只收四〇%。」

看到這樣的內容，剛開始覺得很不合理。以今日來看，等於是借錢出去收取四〇%的利息。當代理駕駛或外送員的話會被收取四〇%的手續費。假設我租了個店面賣炸雞，賣五十隻賺了一百萬元的話，不就要給房東四〇萬元嗎？用現在的常識來看是無法理解的，真是殘酷的結構。

但每個時代都有符合那個時代的常識和標準。別人都收六〇%以上，這個地主只收四〇%，他一定會被視為「善良的地主」。北村宅的地主德高望重這一點，從其他事例中也得到確認。聽說北村宅經常敞開大門和庫房的門，如果家裡沒米了，隨時都可以來拿一些回去。

河回村的另一個傳統「假面舞」文化也值得關注（以貴族假面、新娘假面等木頭製成的「河回假面」著稱）。不管是什麼身分，都會戴上面具聚集在院子裡，邊跳舞邊嘲弄貴族，是當時大家很喜歡看的諷刺劇。以現在而言，這就是「言論自由」。是一個看到鄰居有困難就出手相助，透過言論自由進行溝通的文化。這些融合在一起，形成了一個共同體。「地獄朝鮮」㉘之所以能延續五百多年，不就是因為這種小村莊形成的共同體成了社會的中心嗎？

人是社會性動物，最近很多人感嘆「共同體正在崩潰」，但人類一刻也無法離開「共同體」。美國生態主義作家亨利・梭羅（Henry David Thoreau）以進入森林與自然一起自給自足的生活而聞名，但他進入的森林卻是愛默森（Ralph Emerson）㉙提供。還有梭羅能夠留下《湖濱散記》（*Walden*）這本傑作，也是

㉘ 編註：發源於網路聊天室的用語，起因於韓國就業市場嚴峻，以及令人灰心的職場文化（性別歧視、講輩分、工時長等），有如地獄一般，再怎麼努力都沒有希望，就像五百多年前的朝鮮王朝時代，人們被封建體制所荼毒。

㉙ 編註：美國思想家、文學家（一八〇三～一八八二）。梭羅與愛默森都曾住在美國的瓦爾登湖（Walden），梭羅曾短暫住過愛默森的家。

因為在村裡的商店就能買到鉛筆。

出生於美國中產階層、畢業於知名大學的克里斯多福．麥肯迪尼斯（Christopher McCandless）懷著對大自然的憧憬，於一九九二年進入阿拉斯加荒無人煙的森林，展開狩獵和採集生活。結果他不到一年就餓死了（《走入荒野》（*Into the Wild*）一書和同名電影細細描寫了麥肯迪尼斯的冒險和不幸）。就像被稱為「萬獸之王」的獅子如果離開群體，也是死路一條，人類或許也是為了生存才進化成共同體的。

在狩獵、採集的時代，共同體是以森林為中心形成。可以捕獵的動物、能採摘的水果都在森林裡，可以躲避猛獸的樹木也在森林裡，若離開森林就很難生存。

到了農業時代，共同體的中心是土地。俗話說「遠親不如近鄰」，插秧、秋收、修補房屋、醃過冬泡菜時都需要人力，村民們會齊心協力互相幫助，有時也會互相競爭，在吵吵鬧鬧中過日子。

那個年代的人無法離開土地生活，所以長距離的移動非常少見。同一個村子裡可能都是親戚，有血緣關係、同姓氏的人住在同一個村莊是很常見的事。「鄰居叔叔」說不定就是真正的叔叔，不管怎樣大家都不是外人，依靠著彼此過日子，情感連結非常緊密。

從農耕時代進入產業化時代，就像從森林走入田野一樣，人類迎來了革命性的轉變。共同體的中心轉移到「公司」。人們不必再被土地束縛了，離開農村，湧向公司聚集的大城市。一大早就上班，在公司待到很晚，緊挨城市生活的人們雖然彼此的距離看似變得更近了，在情感上卻更遠了。就算住樓上樓下也見不著面，幾乎沒有什麼共享的利害關係，因為利益相關者都在公司。國家的所有系統都以公司為中心進行重組。

學校不教農事（事實上，在產業化之後的近代學校，從未教過農事）。讓孩子養成準時上學、準時下課的習慣，並給予「全勤獎」鼓勵，並教導他們勤勞誠實是最好的美德。就這樣培養「公司型的人」送進公司後，公司就負責人類的一生。

在我度過學生時代的一九八〇～九〇年代，人生的設置還比較簡單。當時只要按照學校的指示努力學習（只學習教科書的內容，就可以成為首爾大學榜首的年代），上了別人口中的「好大學」，新生時期玩得很認真（男生入伍之前）。即將畢業時，就努力準備就業或考試，進入別人口中的「好公司」，或成為公務員。

此後，只要按照公司的指示努力工作，公司就會按時發薪水。用這些錢扶養父母、養育孩子。到了要買房的時候，還能申請低利貸款；孩子長大後要上大學，還會提供助學貸款。屆齡退休時，公司給予數億元的退休金，用這些錢做生意，靠利息生活（那個時期銀行的利率相當高），可以一直到死。

退休金的一部分作為子女結婚資金。子女又進入公司，按時領取薪資，扶養退休的父母，養育子女，買房，領取退休金，子女結婚……那一段時間，世界以公司為中心來循環，傳統的地區共同體崩解了。在地區留下來的共同體只有宗教和學校（同學、家長）。在工業城市裡，以是否穿著印有公司標誌的夾克來決定階層。當時是「公司福利」的時代。

●●●●

一九四二年，第二次世界大戰正熾，英國出現了「從搖籃到墳墓」（cradle to grave）的說法，意指國家提供完整福利。西歐國家很早就推廣人民福利，但在仿效日本「終身僱用」系統的韓國，負責「從搖籃到墳墓」的不是國家，而是公司。而國家全力支持特定公司。

但是一九九七年外匯危機以後，這種循環結構的紐帶被切斷了。現在公司不提供低利房屋貸款（雖然不是完全沒有提供，但是房價上漲得太快）。公司不再提供助學補助（不僅大家孩子生得越來越少，孩子也不見得能在同一間公司工作）。「退休年齡」變得毫無意義，上班族的平均退休年齡為四十九歲，在職場中只有一七%的上班族可以「屆齡退休」。

退休年齡降低，退休金也減少。尤其在低利率時代，如果只相信公司，十之八九就像拿斧頭砍自己的腳。動植物對生態的變化很靈敏，人類也是動物，年輕人一窩蜂投入穩定又有保障的公務員考試中，可說是很自然的生態環境適應過程。

• • • •

一切都在改變。在二十世紀講求熟練度的時代，很自然形成年資越多，薪資越高這種論資排輩的工資制度。經驗累積越多，技術水準就會提高，可以晉升到更高的職位，承擔更多的責任。隨著年齡增長，要花錢的地方會增多，因此社會上也有了應該給更多薪資的共識。雖然技術的發展讓人類能做的事情逐漸減少，不過技術的發展能更有效率地管理業務，而業務的判斷和責任也可以交由AI人工智慧處理。

人們不斷追求效率和技術發展，以更少的管理者進行更多控制。如果成功晉升為高層管理者，就可以得到很高的報酬，但中階管理者職位卻逐漸消失。公司不再「論資歷」，而是按「職務」決定薪資。二十年前是「八〇／二〇」的社會，十年前變成「九〇／一〇」，近年來更是成為「九九／一」了，引領世界的美國甚至已成為「九九．九／〇．一」的社會，韓國也即將如此。中產階層正在消失，不平等現象加劇中。

與歐洲國家相比，韓國引進福利系統較晚，因為有必要照顧未能編入公司福利體制的死角地帶階層。從八〇年代後期開始，政府陸續引進了國民年金、健康保險等制度。剛開始以「上班族」為對象，逐漸將範圍擴大到非上班族。職災保險是一九六〇年引進的，二〇〇〇年才擴大到一人以上的所有企業。一九九七年因外匯危機而造成大量失業，如果沒有從一九九五年開始實行的僱傭保險提供保障，將面臨更大的災難。

公司福利體制開始崩潰後，國家成為福利的中心。但是連僱傭保險都仍然以「公司」為中心設計。只有在公司工作一段時間後被「解僱」的人，才能領取失業補貼。無論工作多麼煩、多麼爛、多麼令人討厭，只有在老闆把我開除時，才能得到失業補助。

繳納僱傭保險金卻得不到失業補助的人，占全體的七五%。若社長以「解僱」處理，甚至慷慨解囊給予遣散費，就該謝天謝地，即便在公司上班期間，我也按時繳納了一半的保險費。

產假和育兒休假等福利，也是要在公司任職期間才能得到。工作是我做，但僱傭福利的補貼卻由社長領取。我人生的決定權掌握在老闆們手裡。

就業保險的「兩極化」現象也很嚴重。從不同收入的僱傭保險加入比率來看，收入最低的第一等級只有六%，第二等級一二%，但收入較高的第六等級以上超過七〇%[13]。也就是說，作為社會安全網，以公司為中心的僱傭保險並沒有發揮作用。

•••

職災保險對送貨員、快遞員、代駕司機來說都是畫餅充飢。不隸屬特定公司的「特殊僱用勞動者」，可以由公司和勞動者各承擔一半的方式加入職災保險。但是加入的人卻少之又少。

勞動福利團體的資料顯示，有登記的一萬八七九二名快遞司機中，加入職災保險的有七四四四人，不到四〇%；代駕司機更只有三人加入[14]。因為代駕司機普遍認為自己不符合加入職災保險的標準。勞工的職災保險也是以「公司」為中心運轉。

不隸屬於單一公司的勞動者感到委屈的地方不止於此，即使賺了不少錢，如果非公司僱用者，很難從銀行獲得信用貸款。即使銀行接受，在利率上也會有不利影響。即使好不容易拿到貸款，銀行職員也會說：「如果到公司就業的話請告訴我，可以幫您降低利率。」

即使成為上班族，公司的大小也會造成差別待遇。某銀行對於能夠提交上市企業在職證明書的上班族，幾乎二話不說就直接同意貸款一億元。就算是銀行交易門檻較高、讓中度信用者享受金融優惠為宗旨的網路銀行，事實上也以信用度高的客戶為主給予貸款[15]。

二〇二〇年三月，因新冠疫情造成股價暴跌，幾名勇敢的上市企業職員取得一億元的信用貸款，買了股票，三個月後獲得二〇%以上的收益。很多人並沒有這樣的機會。在韓國社會，公司就是身分的象徵。

• • • •

在公司仍是福利軸心時，公司還有共同體作用。但隨著工業化、城市化，共同體的中心從農村轉移到了城市、公司。在新農村運動㉚的時代，雖然村民

㉚ 編註：朴正熙執政時期，於一九七〇年代實行的十年計畫，主要目的是讓農民增加財富，拉近農村與城市之間的距離。

們團結在一起喊著：「好好生活。我們一起好好生活。」但對城市人來說，「好好生活」意味著公司賺了很多錢，我的薪資也漲了。與公司朝向共同的目標團結一致。

當然也會有相反的狀況。當公司獲得巨額利潤卻不分享給員工時；以苛刻的工作條件使喚職員時；管理人員對下屬作威作福時，為了「活得像個人」的共同目標，於是員工回到「勞工」的本質，組織工會與公司對抗。

工會組織率在勞資鬥爭正熾的一九九八年上升到一八．九%。但在外匯危機以後，「終身僱用」的神話被打破，非正規職增加，以公司為中心的共同體瓦解了。最近工會組織率持續下降到一〇%左右。

新型態的連結可行嗎？

二〇一二年韓國記者協會與首爾市教育廳一起進行「職業探索」計畫。我去首爾某中學介紹記者這個職業，介紹報導戰爭慘劇、飢餓的可怕、自然生態環境破壞的記者（遺憾的是，都是外國記者），針對媒體責任和記者這一職業的意義，講了四十分鐘的課。

問答也是事先準備好的。因為對象是國中生，我心想或許會問有沒有見過歌手或演員這類問題，所以準備了幾個小故事打算分享。但我收到的第一個問題是「記者是正職員工嗎？」第二個提問是「當記者年薪有多少？」讓我一時不知如何回答，下課後班導師看著我的表情像是在說：「我就知道你會結結巴巴。」

「辛苦了。學生的問題讓你不知所措吧？希望你不要因此覺得現在的孩子很奇怪，孩子是父母的鏡子，現在這個時代就是這樣啊。」

• • • •

雖然統計或許有差異，不過大致來說，在全體受僱勞動者中，非正職占五〇%左右。以六個月、一年為單位簽約的約聘員工，能否具備展望公司十年、二十年發展而共同努力的精神？父母教孩子要成為「正職員工」，孩子們則湧向名額越來越少，有「終身僱用」保障的公務員和國營企業。

從共同體的觀點來看，平臺勞動不只削弱公司共同體，而且正走向崩潰。據說全國僅外送員就有八~十萬人，「外送員聯盟」的成員只有幾百人[16]。代理駕駛有十六萬名，但代駕工會會員只有幾千名。除此之外，雖然有不少「特殊僱用勞動者」職業工會，但從工會成員人數的規模來看，很難把那些工會當作該行業的代表。

由於平臺勞動業務的特性，勞動者不會在同一空間一起工作，因此沒有溝通的機會，也很難串聯起來，最重要的是，以「論件計酬」來看，彼此與其說是「同事」，不如說是「競爭者」，而且應該很少有人會把外送或代駕視為自己的「終身職業」。

經過公司時代，工會也是以公司為中心發展的組織。而在平臺勞動時代，需要對抗平臺的不是工會，應該是新型態的聯合平臺。雖然平臺勞動者是分散的，但是充分具備共有的利害關係。

• • • •

就像公司時代的工會要改變一樣，社會對家庭共同體的態度也需要改變。在公司負責福利的時代，家庭只能依靠公司。工業化時代下，在公司上班的男性家長負責從扶養父母到家庭生計等，父權家庭秩序就是由此帶來的結果。

但家庭形態正在發生變化，雖然有些人嚷嚷著今後人口會減少，房價會下跌，但房價在一段時間內是不會下降的。即使人口減少，隨著單身家庭的增加，對住宅的需求只會增加不會減少。

家庭是人類共同體最基礎的單位，只要有人類就會一直延續。只是形態會改變。隨著公司福利體制的崩潰衍生不少變化，扶養父母的負擔增加，所以有了基礎老人年金制度，而廢除「扶養義務者」制度的壓力也越來越大。在以土地為中心的時代建立起的地主制已被廢除。女性的就業率提高，成為經濟主體的一個軸心。

但社會系統仍然以男性為中心運轉。因新冠疫情而產生的急難救助金是以人為單位給付，由「戶長」代表領取。雖然是為了方便行政，但家庭戶長八〇％都是男性。領取之後也許會平均分配給所有家庭成員，或是全部交給妻子貼補家用，但無論如何，國家選擇的領取者（戶長）還是以男性居多。

國民年金、健康保險、勞工保險等社會保險也是以「公司」為前提制定。因此對於未能就業的女性來說，健康保險必須依附在男性就業者之下，而且沒有加入國民年金保險，將來老了就得依靠丈夫，當然也不會有機會用到保險。女性在社會保險中，仍維持著只能依賴男性的型態。

國家支援公司、公司支援家長、家長負責家庭，這樣的結構正在解體。國家的福利傳達體系的中心，應該從公司和家長轉移到「個人」身上。

問問國家該做什麼

現在我們正經歷技術變革、新型疫情等危機，所有非正職員工都要轉正、所有自由業者應該要回到公司的主張，與重新回到二十世紀沒有什麼兩樣。重新回到公司負責員工人生的時期也沒什麼不好，但時代已經變了，新酒要裝在新瓶子裡。我個人認為二十一世紀不特定僱用危機的突破口，在於基本收入和終身教育，因此必須重新檢視國家的作用。

在基本收入爭議中引起最多討論的，就是會造成有些人「坐享其成」的心態，怕制定了基本收入，人們就不認真工作了。但真的是這樣嗎？

好市多（Costco）以「不聞不問」的無條件退款政策聞名。買海苔回家開封吃了，然後以「太鹹」要求退款，可以。好市多認為去追究客人退款的原因，會耗費很長時間、需要投入很多人力，成本會增加。若能讓顧客減少選擇商品的風險，就能進行更果斷的消費。剩下的只有交易。

最近，沒有店員的無人超市正在崛起，某冰淇淋專賣店在有店員時營運十二小時，改成無人商店後營運二十四小時，銷售額增加了兩倍[17]。

有人會問沒有小偷嗎？當然有，但有監視器，而且如果無人商店更普及，防止小偷的技術勢必會進一步發展。人們比想像中要善良，特別是在韓國，在咖啡店裡即使把筆電、手機、包包放在座位上離開去洗手間也很安全，就像宅配都把貨品放在家門口，也鮮少會發生事故。

所以人們真的會因為固定可以得到三〇萬、五〇萬就不工作嗎？如果給二百萬元就很難說，但若給一五〇萬，應該很難把人綁在家裡。現在是全民賺錢的時代，有正職的斜槓，做兼職的也不只兼兩、三份工作。現代人閒不下來，即使休假去旅行，也會排好滿滿的行程，每到一個地方就把每一處都逛過，還要拍照上傳到社群網站。無論什麼政策都不可能百分百完善。有時為了前進一步，得先後退半步，如果總是在意那不一定會出現的一%想坐享其成的人、奧客、小偷的出現，而一步都邁不出去，就等於是放棄了九九%的機會。

如果還是放不下那一%的話，還是可以想辦法制定完善對策。例如支付給每個人基本收入，若只有領基本收入但沒有其他工作的人，就必須義務性地每天接受四個小時的教育。品德教育也好，技術教育更棒。能認真接受教育，尋找人生的新意義會更好，用新學的技術找到一份好工作更棒。

由於低生育率導致學生減少，各大學紛紛面臨關門的危機。小學、國中、高中也招不足學生。可以將學校閒置空間轉換，作為以基本收入為唯一收入者的終身學習機構。二十世紀時，在人生初期十四～十六年接受教育，就可以維持一輩子的生計。二十一世紀需要的是終身教育，不能像現在這樣把終身教育當成退休後的興趣或消遣。再說，真以為一輩子學習很簡單嗎？我認為應該有很多人不願意每天都要上四小時的課，所以無論如何都會去找份工作的。

• • • •

國家也需要吸收一部分工會的作用。目前關於特殊僱用勞動者，工會的基本立場是「保障勞動者地位」，但是以「是否為勞動者」這種二分法界定，可能永遠無法解決問題。如果現在公司的意義正在改變，那麼勞動者的意義也應該改變。

二〇二〇年八月，從勞動廳得到工會設立許可的全國代理駕駛工會，要求與Kakao進行集體協商，但遭到Kakao拒絕。Kakao的立場認為，他們是提供仲介平臺，並不是使用者，因此不需要與工會進行對話。Kakao提議，「代理駕駛一職需要結構性變化」，而這應該由政府、國會、代駕司機聚在一起討論，追求達成共識[18]。也就是說，雖然有進行對話的意向，但若沒有政府和國會的參與進而達到社會上的共識，就不可能實現。

在勞資關係中，平臺時代的政府應該發揮更積極的作用，最低薪資委員會就是代表性的例子。適用最低薪資的勞動者正在逐漸增加，最低薪資委員會認為，既然如此，可以用審議式民主主義㉛的方式營運。連最低工資保障都沒有的特殊僱用勞動者、自由業，以更快的速度增加。由於平臺勞動的特性，他們組成工會進行團體行動的可能性非常低，政府應該為他們的利益代言，發揮更積極的作用。

其實已有一些積極介入的事例。群山市㉜建立了公家版的配送APP「配送能手」，對平臺業者施以制衡。京畿道也準備推出有一樣作用的公版APP。

用相同的方式，也可以推出代理駕駛APP，制定相關規範。

• • • •

公司過去的作用，現在應該由政府來發揮。二十世紀時，公司是分配和福利的中流砥柱；二十一世紀，公司之間的差距越來越大，勞動者之間的差距也越來越大。由於AI人工智慧、自動化的發展等，將進一步擴大不平等。現在不應該把分配和福利交給企業，政府應管理全社會的財富，在全民監督下進行精巧的分配。

挪威是二十世紀最幸福的國家之一。隨著挪威沿海油田的開發，挪威瞬間成為能源大國，但挪威政府並未把在油田賺取的利潤集中在特定階層，而是設立主權財富基金（規模達一兆美元），讓全體國民同享優惠。沙烏地阿拉伯的情況原本就特殊，在此不討論，不過像美國阿拉斯加油田獲得的部分收益，也以

㉛ 編註：傳統式民主重視投票，審議式民主重視理性對話、得到共識的過程。
㉜ 編註：全羅北道西北部的一個城市。

現金回饋給阿拉斯加居民。

雖然韓國沒有油田，但是有強大的半導體、汽車和造船業、電子產業以及「BTS」㉝，這是人力資源。與逐漸成為夕陽產業的石油能源相比，是未來前景更好的資源。國家不就是靠人民壯大的嗎？

政府管理全社會財富的方法可以很多樣化，例如活用年金。政府保障企業發展的自由，獲取最大收益，並將收益以合理均衡的方式分配給國民。那麼，所有國民都會希望半導體和汽車出口蓬勃發展，BTS能繼續在全球掀起更強烈的韓流熱潮，像「盧德運動」一般抵抗或拒絕的氛圍自然會減弱。總之隨著技術發展，企業獲得更大的利益，也會回饋給國民，實現全體國民共享社會財富的理想。

湯匙階級論和現代版佃農們

我們需要更加果斷的政治想像力，而想像力的源泉在於歷史，讓我們再來一次時間旅行吧。

對我們目前生活產生最大影響的平準化機會在一九五〇年到來，主角是六二五戰爭（韓戰）之前實施的農地改革。解放後統治南韓的美國陸軍司令部軍政廳輿論局，在一九四六年八月向八四五三人問道：「資本主義和社會主義，你們喜歡哪個？」有七〇%的人表示「喜歡社會主義」[19]。

理由很簡單，當時韓國七〇%的人口是農民，這些農民大概有八〇%是租用別人的土地耕種，即所謂的佃農。當時北朝鮮的金日成政權一掌握權力，就實施了農地改革。從地主手中搶走土地，無償分給農民（當時北朝鮮的很多地

㉝ 編註：韓國男子音樂團體，又稱防彈少年團。

主都逃到南韓。所以在美軍調查中回答「資本主義比較好」的一四%中，可能包括從北朝鮮越境而來的地主）。懷抱著「只要有屬於我的一塊地，我就死而無憾」的佃農們，會嚮往社會主義是理所當然的事。

美軍本來就認為南韓的租佃制存在很多問題。直到朝鮮時代為止，仍進行佃權世襲。雖然地主每年收取四〇～六〇%的佃租，但無法趕走佃農。從佃農的立場來看，那塊土地某種程度來說也算是自己的，世世代代都努力耕作。後來到了日本帝國主義占領時期，朝鮮總督府不承認佃權世襲制，認為地主可以任意更換佃戶，這樣才能顯示地位的優越。結果，在日本帝國主義占領時期的佃租飆升七〇～八〇%。佃農們苦不堪言，許多佃戶都被趕走，被迫放棄世世代代耕種的土地。也因此在日本帝國主義占領初期的主要抗日運動，多是由佃農們發起的。

一九四五年八月從日本占領中解放，到了九月，美軍進入了韓國。在美軍看來，七〇%的佃租根本不合理。因此在當年年底下達了「佃租不能超過三分之一（三三%）」的行政命令。南韓雖然降低了佃租，但在北韓卻採取更強而有力的政策。北韓「無償沒收、無償分配」的土地改革政策傳了開來，南韓農民們紛紛群起騷動，美軍於是對被日本地主掠奪的土地實施農地改革。但根據「資本主義」原則，理應承認私有財產。因此美軍以低價出售的方式實施農地改革，而非無償分配給農民。

一九四八年八月李承晚政府上臺，承襲美軍的農地改革政策。李承晚政府選擇了「有償沒收、有償分配」的方式，以低價向韓國地主購買土地，再以低價出售給農民。李承晚總統實施農地改革有很多原因，主要因為這是由美軍開始的事業，必須做個了結（美軍在日本也實施了農地改革）。另外還要牽制由地主們成立的政黨「韓民黨」。當時正是要與北韓拉開體制競爭序幕的時候，所以更需要得到民心支持，於是李承晚任命進步黨㉞的趙鳳巖為農林部長，負責農地改革。

㉞編註：在南韓第一任總統李承晚執政期間（一九四八年七月～一九六〇年四月），執政黨是李承晚創立的自由黨，進步黨是在野黨之一。

不管李承晚的意圖為何，當時的農地改革堪稱是韓國史上的重要轉捩點。他將地價定為年收穫量的三倍，可分十年償還。原本每年就要交收穫量三三％的佃租，但現在只要交十年，土地就會變成自己的。在自己的土地上耕種，收穫量就會大增嗎？不一定，剛開始很難，原本地主會提供種子和農具，還會提供肥料，但現在全都要自己做，連種子錢（顧名思義就是買種子的錢）都拿不出來的農民們只能勒緊腰帶。沒想到農地改革實施沒多久，就爆發了六二五戰爭，戰爭導致物價飛漲，種田也變得困難。另一方面美國大量進口麵粉等糧食援助，導致本地的農產品價格暴跌。農民雖然擁有夢寐以求的土地，但實際狀況卻不見得比較好。

雖然眼下產量增加的效果微乎其微，但與過去繳納七〇％的佃租相比，生活還是好一點。經濟外在效應開始顯現，出現了可以規畫的「未來」，農民們開始讓孩子上學念書了。

● ● ● ●

有人說「富不過三代」，也有人說財富至少傳三代，雖然語感不同，但總之就是財富只能傳三代的意思。雖然不知道這句話出自哪裡，但有人說這種講法源於朝鮮時代的科舉考試，當時是徹底的階級制社會，但區分法只有「貴與賤」，即貴族和奴隸兩種。貴族是指通過科舉考試並擔任官職的人。種田的平民原則上也可以參加科舉考試成為貴族。相反地，如果貴族的後代不爭氣，也會淪為平凡的農民。

後來到了朝鮮後期，隨著身分世襲，土地所有權關係的確立，區分身分的標準不再是有無官職，而是有沒有土地。雖然一八九四年正式廢除了身分制，但奴隸解放了，地主／佃農的關係仍在。因此身分制應該是在一九五〇年，因李承晚政府的農地改革才徹底被廢除。

身分制消失後，養育子女的父母們開始關注「考試」。科舉制度是在西元九五八年，高麗光宗仿照中國唐朝制度所建立的國家考試。直到朝鮮滅亡為止，已經持續了九百多年。但朝鮮滅亡並不代表考試就消失了，日本帝國主義占領後，引進日本式科舉制度——「高等文官考試」，分行政科、外交科、司法科。解放後，延續成為行政考試、外交考試、司法考試。這就是「考試共和國」的開端。

日本以「朝鮮的日本化」為目標，為了把朝鮮的孩子們培養成日本人，將最新的教育機構引進韓國，但數量並不多。如果得以上學並通過考試，就能獲得極大的權力。不管祖宗八代做過什麼高官都不重要，只要表現出對日本帝國的忠心即可。所謂「烏鴉巢裡出鳳凰」的神話，就是始於日本帝國主義時期。

解放後，擁有土地的父母們毫不猶豫地送孩子上學。正好李承晚政府推動「小學教育義務化」，要求家長都必須讓孩子接受小學教育。父母們也很積極，如果孩子功課好，就全力支持，希望孩子將來能通過行政考試、外務考試、司法考試來光宗耀祖。就這樣，韓國父母們極力將孩子培育成「鳳凰」，實現了被稱為「漢江奇蹟」的經濟成長。雖然不知道是不是有關聯，但也讓韓國加入了有「先進國家俱樂部」之稱的OECD㉟。

但宴會在一九九七年結束。外匯危機之後，終身僱用的神話破滅，非正職化迅速發展。進入二十一世紀，因技術發展導致的結構性失業和對經濟的不滿等內在矛盾不斷累積。就像農耕時代無法離開土地生活的農民一樣，現代人也離不開有工作機會的城市。

城市的房子如同農耕時代的土地，佃農們夢想擁有「自己的土地」，現代人夢想擁有「自己的房子」，但這個夢想越來越遠。沒有房子的人只好繳房租給房東，有房子的人也要還貸款給銀行，這與農耕時代繳佃租有什麼不同呢？隨著房價暴漲，房租也隨之上漲。即使銀行利率下降，但貸款金額增加，利息也越來越多，佃租上漲。

甚至還出現了「湯匙階級論」。就像朝鮮時代的貴族子弟從小學習《千字文》，還可以跟隨好老師學習各種學問，順利通過科舉當上官職，享受財富和權力，含著「金湯匙」、「銀湯匙」的孩子從小接受各種輔導，考上好大學，畢業後到海外留學，喝過洋墨水身價就翻倍。而「土湯匙」只能看著天花板感嘆「地獄朝鮮」。原本的工作也像有了插秧機和收割機的稻田，被取代了。技術壁壘越

㉟ 編註：經濟合作暨發展組織（organisation for economic cooperation and development）的簡稱，成員包括全球三十七個市場經濟國家。

來越高，無法逾越壁壘的落後者也越來越多。都說歷史是會循環的，現在與佃農時代有什麼不同？

現在需要像一九五〇年的農地改革那樣，果斷地改變社會經濟的結構。或許新冠疫情正是演變成戰爭、國家崩潰、革命之前的機會。

社會的AI也要變聰明

從十九世紀後半期到二十世紀初，在西歐被稱為「美好年代」（Belle Époque）。一八七一年法國和德國結束戰爭，和平降臨，科學技術飛速發展。人們廣泛利用鐵路旅行，汽車也開始在街上行駛。隨著無線通信和蒸汽船的出現，國際貿易量也迅速成長。電影和留聲機登場、新的印刷技術出現，出版業和媒體推翻了未來的烏托邦。科幻小說流行，天上飛來飛去的是飛機和飛船。博覽會盛大開幕，人們為新技術革命而興奮不已。

是不是和我們現在的模樣很像？我們也舉辦了奧運會、博覽會和世界盃，高速鐵路、航空運輸變得大眾化。冰箱和洗衣機、電視、汽車和個人電腦幾乎普及到所有家庭（但房子依然很貴），超高速網路和無線通信引發全面性的資訊革命。

將來如果再次畫分文明時期，或許會以智慧型手機為分界。智慧型手機不只可以隨時隨地打電話、互通信息，還可以隨時隨地看電影、工作、玩遊戲。當今世界是擺脫絕對貧困，到處尋找美食店的世界。隨著醫學技術的發展，已成為「百歲時代」。韓國過去的七十年是「美好年代」。

但歐洲的「美好年代」背後卻出現了巨大的暴力破壞。「美好年代」對工廠工人和殖民地進行剝削，使得社會主義思想以工廠工人為中心傳播開來。在殖民地剝削競爭中落後的競爭者（例如德國）開始著急。社會階層、國家間的不平等逐漸累積。數百年來，滾燙的岩漿噴湧而出，火山爆發，地下深處堆積的斷層移動，週期性的震動堆積造成疲乏，就像橋突然斷裂一樣，對不平等累積的不滿，瞬間爆發成了戰爭。

第二次世界大戰結束後，歐洲以不再重演悲劇性歷史的意志，建立了與今日歐盟相似的共同體，並持續超過七十年。但再次出現了崩潰的徵兆。最近法國總統馬克宏（Emmanuel Macron）警告：「如果像現在這樣繼續不平等下去，將會掀起戰爭，民主主義也將遭到破壞。」法國的吉尼係數〇．二九，比韓國的〇．三五還低，顯示兩極化程度較低[36]。

現在要發生戰爭的可能性不高。二十世紀最優秀的發明是民主主義。我們用麥克風和選票代替槍和刀進行鬥爭。每四、五年舉行的選舉，是沒有硝煙的戰爭。也就是說，人們相信政治可以解決問題。不，是必須解決。

如果我下輩子成為歷史學家，我會把「TADA」的爭議記錄為「二十一世紀的盧德運動」。

在十八世紀蒸汽機發明之前，革新家就不斷創造機器，只是未被社會接受而已。一五八六年發明織布機的波蘭人安東・穆勒（Anton Muller）到市議會申請專利，結果被判死刑；一五八九年發明襪架針織機的英國人威廉・李（William Lee）想申請專利，卻被伊麗莎白一世女王（Elizabeth I）駁回，稱他「將奪走百姓的工作，使百姓成為乞丐」㊲。

㊱ 譯註：吉尼係數（Gini coefficient）是二十世紀初義大利學者科拉多・吉尼（Corrado Gini）根據羅倫茲曲線（Lorenz curve）定出的指標，用來判斷年所得分配的公平程度，數值在〇和一之間，越接近一，代表居民之間的年所得分配越不平均。

㊲ 原註：出自戴倫・艾塞默魯（Daron Acemoglu）、詹姆斯・羅賓森（James Robinson）合著的《國家為什麼會失敗》（*Why Nations Fail*）。

一七六〇年英國的瓦特（James Watt）製造了蒸汽機，哈格里夫斯（James Hargreaves）發明了紡紗機。隨著機器的急速普及，生存權受到威脅的工人動手破壞機器，攻擊機器製造者，這就是「盧德運動」。英國議會直到一八一二年才制定《破壞禁止法》，藉此處罰盧德運動。

所有的變化和革新必然伴隨著抵抗，但儘管抵抗再劇烈，變化和革新還是會贏。從這一點來看，我們無法阻止正在發生的機械文明的進化。不過，即使微弱，抵抗還是會減緩進化的速度，為尋找對策而拖延時間。

從這個角度來看，政府面對「平臺經濟時代」的應對方法有很多令人遺憾之處。韓國成立了直屬總統的「第四次工業革命委員會」以應對未來產業的變化。但只有「工業」，沒有「社會」，委員包括政府相關部門的幾名長官在內，大部分都是企業家或大學教授。直到第三期才加入一名韓國工會總聯盟附屬研究院的勞動專家[20]。第四次工業革命應該不只是平臺企業的專利。

需要變得聰明的不僅僅是人工智慧。社會的智慧也要變聰明才行。

人為了人做的事

人工智慧並非都是聰明的。有一天發生了這樣的事情。那天我跑外送，正好是午餐尖峰時間，接到一張嫩豆腐店的單，正在等取餐時，手機又出現同一家店的訂單。因為兩張單地址剛好在同一個社區，於是系統指示同時取餐並同時配送。通常這種「夾單」是值得歡迎的事，因為只要一半的時間，外送費卻是加倍的。但仔細看了兩張單的目的地，發現根本不可能一次解決。

AI可以掌握餐廳和配送地的距離為直線距離。在先後接到的A單與B單兩地中間隔著KTX（韓國高鐵）的車輛基地。APP顯示從店家到A的距離為八百公尺，但由於車輛基地非常廣闊，所以必須繞道走，會超過兩公里。再加上後來接到的B單在車輛基地另一邊，等於我必須再繞一圈才能到對面。

粗略計算了一下，配送到A後移動到B需要二十多分鐘，正值午餐時間，B的餐點準備好要十五分鐘，於是我當機立斷先送A。而且其實A單是六人份的嫩豆腐套餐，外送包都塞滿了，我根本就無法同時送B單啊。

我背著沉重的外送包全速飛馳，送到A地點，是一間工廠。六名工作人員熱情地接下餐點，隨後在工廠外面的老闆進來結帳，但APP上並未顯示信用卡結帳畫面，我連忙打電話給外民服務中心。

「信用卡結算畫面沒有顯示。」

「這趟不是夾單嗎，沒有繼續送第二張單嗎？」

「對，因為第二單出餐還需要一點時間，所以我先送第一單。」

「哎呀，你應該要照系統指示啊！」

電話那頭的管理者勃然大怒。

「你跑外送多久了？」

「有六個月了。」

「連這個都不知道嗎？」

我的性格也沒那麼溫吞，所以我也「哼」一聲，本來想回嘴說「你幾歲啊！」但請員工吃午餐的老闆拿著信用卡站在我面前等，看起來很擔心，他想出了辦法：

「我身上沒現金，還是我可以用轉帳的？」

「啊，您方便嗎？」

老闆親自與外民的客服通話詢問轉帳方式，而這時我的APP上出現了信用卡結算畫面（管理者雖然生氣但還是處理了）。

「老闆，現在可以用信用卡結帳了，我幫您結帳喔。」

終於成功刷卡。鬧了十五分鐘，原本分配給我的B訂單已經取消，改分配給其他外送員。結完帳我正想離開，老闆對我說：

「在這裡浪費了這麼久時間，該怎麼辦啊？」

我瞬間哽咽。因為AI系統和管理者所受的氣，在一瞬間都消散了。

• • • •

若是下雨天外送，每件可以多收六百元附加費，所以如果不是傾盆大雨，跑外送還是充滿活力。但下大雨的日子就不一樣，即使穿雨衣，不管用什麼方式還是會被淋溼，而且雨衣內一樣是滿身大汗。因為雨天視線不好，要格外小心，馬路也很滑，還要注意不能讓雨水滲進餐點內，送一趟下來非常疲累。

有一天出門時大太陽，我沒帶雨衣，但後來卻下起了傾盆大雨。當時已經接了單也不能取消，只得冒著大雨送餐。目的地是某公寓五樓。備註寫了「請放在家門口按鈴」，於是我把餐點放下按鈴後就轉身離開，在下樓梯的瞬間，傳來「嘀哩哩哩」的開門聲。一名女性光著腳慌慌張張地跑過來說：「下雨了還點外送，真不好意思。」手裡遞來一瓶飲料。

我的眼淚差點在眼眶裡打轉。心裡暗暗打定主意，回家也要在冰箱裡多準備一些冰涼的飲料。

無論是非接觸、AI人工智慧、機器人配送，最終都是人做的事情，也是為人而做的事。

後記 尊敬外送

大學畢業後，在一間小型媒體公司擔任記者，剛上線的菜鳥記者忙得不可開交，加班到晚上十一點是家常便飯。就那樣四、五年過去了，在加班疲憊不堪之際，我突然有個疑問：「最人道的勞動是什麼？」正好當時很流行一個選舉口號：「有夜晚的生活」。我反覆思考，終於得到結論，最人道的勞動是「日出而作、日落而息」的工作。

那會是什麼工作？正確答案是「種田」，而且種田是春天到秋天都可以做的，晴天陰天也可以做，夏天正午太熱就休息。二〇一四年我在安納普爾那（Annapurna）①徒步旅行途中遇到一位六十多歲的老紳士，他走過許多地方，不僅是安納普爾那，還有坦桑尼亞的吉力馬札羅（Kilimanjaro）、紐西蘭的米爾

---

①編註：位於喜馬拉雅山脈、尼泊爾中北部境內，是世界第十高峰。

福德（Milford Sound）、祕魯和玻利維亞的蒂蒂卡卡（Titicaca）等②。我好奇地問起他的職業，他說他種草莓，平時不會亂花錢，利用農閒的時候到各地旅行。

當然，過去農耕社會並不是這樣，農忙時要工作，其他時間也沒閒著，總是會想找點事情做。秋收結束後要收集稻草，重新補強茅草屋頂，還可以做草鞋，以及其他生活用品。冬天要醃泡菜，要收集柴火，還要修理門窗、換窗戶紙、重新鋪地板等，除了農活，總還有很多事可做。對於順應自然的生活並不覺得有什麼好的。

渴望「最人道勞動」的我，在二〇二〇年二月離開公司，離開辦公桌椅，我站在路上，開始尋找「我想做的時候才做」、「做多少賺多少」的工作。我找到「最人道」的工作了嗎？我不確定，但感受更深的是「真的可能會做到死」。

有一次為了修理有二十年歷史的車子，來到家附近的修車廠。不知是不是修貨車很專業，看到不少自用的一噸貨車絡繹不絕。

「老闆，最近送宅配的貨車變多了，你的生意有沒有變好啊？」

「宅配司機凌晨六點上班，晚上十二點才下班，哪有時間來修車？小故障不影響就先不管，等真的不行了才會過來。」

二〇二〇年一月到十月，疑似過勞死的宅配相關行業死亡者就有十五名。腰痠背痛、胸悶都只能忍著，直到忍不下去而倒下，就像車子完全上不了路了才會拖到修車廠一樣。

不僅是宅配司機，在酷澎物流中心也發生過夜班工作人員猝死的事件。酷澎方面表示並未讓員工超時工作。但即使遵守每天工作八小時的規定，國際勞動組織③仍指出，夜間勞動相當於「二級致癌物質」。因此晚上十點後的夜間工作，依規定必須多一．五倍的薪資。但這會不會反而成為毒藥？我也曾被酷澎夜班工作誘惑過。白天工作八小時，日薪只有七萬多元，而夜班工作同樣的時間卻能賺到一〇萬元以上。如果不是妻子攔阻，我可能早就陷入夜間勞動的深

---

② 編註：吉力馬札羅是非洲第一高峰。米爾福德是位於紐西蘭南島西南部峽灣國家公園內的一處冰河地形。蒂蒂卡卡是南美洲最大的淡水湖泊。

③ 編註：英文全名International Labour Organization，創立於一九〇九年，是聯合國下的一個組織，負責制定勞工標準、政策和計畫，促進合理的勞動條件與社會正義。

坑裡。

最常暴露在夜間勞動危險中的是代理駕駛。代駕司機一般在晚上七點左右上班，十二點左右下班。如果照這樣工作一整個月，大概可以賺一五〇～二百萬元。想賺更多的就一直工作到凌晨，再坐早班公車回家。

那麼外送員又是什麼情況呢？根據二〇二〇年十月，李秀真議員從勞動福利公益團體收到的工傷事故資料顯示，在過去五年裡，在外送途中因事故死亡的外送員有三十名。三十？簡直是胡說八道！光是二〇二〇年上半年就有二六五人死於雙輪車交通事故。像麥當勞那樣的大型連鎖店會直接僱用外送員，並幫他們投保職災保險，但大部分外送員都沒有加入保險。也就是說，我們根本不知道實際上有多少外送員是在外送途中發生事故死亡的。也從來沒有想過這個問題。

電影《朋友》中有一句臺詞：「你爸爸在做什麼？」

大多數代駕司機、外送員、宅配快遞人員都默默做著自己的工作。在韓國生活的五千二百萬人中，有多少人沒叫過外送或快遞呢？找代理駕駛的比率雖然比叫外送或快遞要少，但因為他們的存在有效減少酒後駕駛的危險，給自營業市場注入活力，對社會、產業的貢獻值得肯定。但儘管如此，這些行業的從業人員在被問到「做什麼工作？」這個問題時還是支支吾吾。不管他們多麼努力工作，不斷累積專業及熟練度，提高自己的能力，大眾仍只是把他們當作「打工仔」。

饒舌歌手 Simon D 的著名廣告詞浮現腦海。

「為什麼打工不是職業？

因為是任何人都能做的事？

那麼大家都來試試吧。給打工的一點 RESPECT！」

在什麼都可以送的世界，我們應該承認外送已成為我們生活中不可缺少的一部分，同時也是一份專業的工作。

這就是解決所有問題的出發點。

參考資料

第一章

1 金成恩，〈亞馬遜CEO「顧客滿足至上」……員工勞動條件抗議示威〉，《聯合新聞》，2018.04.25。

2 全在旭，〈亞馬遜以八千七百億收購KIVA……「物流自動化革新」〉，《完全經濟》，2010.03.20。

3 姜新宇，〈「一件只要兩秒即可送出」……造訪SSG「NE.O」物流中心〉，《*E-Daily*》，2019.06.25。

4 JD.com, Fully Automated Warehouse in Shanghai.

5 「農心」所出產的礦泉水「白山水」廣告：自動化生產篇。

6 李孝相、鄭大延，〈約有四〇八萬名領取最低薪資的勞工被削減薪資〉，《京鄉新聞》，2020.07.14。

7 黃熙京，〈新冠肺炎疫情影響，網路購物訂單爆增——酷澎的火箭配送也延遲〉，《聯合新聞》，2020.02.20。

8 秋仁英，〈快遞確實阻止了囤積行為〉，《中央日報》，2020.04.10。

9 金延正，〈去年網路購物一三五兆……美食外送主導「暴風成長」〉，《聯合新聞》，2020.02.05。

10 洪龍德，〈李在明：發生群聚感染，酷澎富川物流中心勒令停業兩週〉，《韓民族》，2020.05.28。

11 安昇進，〈酷澎富川物流中心九七%為非正職員工……「身體不舒服就休息」遙不可及〉，《世界日報》，2020.05.28。

12 金美里，〈酷澎 Flex 也有自動車保險〉，《商業觀察》，2020.07.06。

13 車智妍，〈所得前一%的六十三名歌手年所得平均超過三四億元……一%的人占了所得總額的五三%〉，《聯合新聞》，2020.10.26。

第二章

1 柳英相，〈活化零工經濟，但有五七%的機車沒有保險……怎麼辦呢?〉，《每日經濟》，2019.11.27。
2 全惠英，〈保費最高十倍?外送摩托車保險，為何如此昂貴……〉，《早安今天》，2020.04.27。
3 國土交通部（交通安全福祉科）新聞稿，〈外送摩托車事故必須減少〉，2020.04.27。
4 楊吉成、崔多恩，〈不接觸時代外送暴增……摩托車事故也激增〉，《韓國經濟》，2020.05.18。
5 姜甲生，〈不分大公司或社區炸雞店，外送摩托車「無法無天」〉，《中央日報》，2020.03.31。
6 金智英，〈外送民族，無人駕駛室內配送機器人試運行〉，《早安今天》，2019.10.07。
7 方英德，〈飯店客人的客房服務如今由機器人送達〉，《每日經濟》，2019.02.25。
8 金賢秀，〈LG送餐機器人「Cloi」，正式出道〉，《東亞日報》，2020.02.04。
9 盧賢碩，〈哪位點了便利商店的便當?濟州島出現無人機外送員〉，《首爾經濟》，2020.06.08。
10 禹高運，〈美國子彈配送時代大步邁進——亞馬遜:無人機運行獲准〉，《朝鮮日報》，2020.09.01。

第三章

1 金相進、姜仁錫、金進京，〈特別企畫——交通文化左右國格之三，酒駕〉，《中央日報》，2010.06.09。
2 朴爍雄，〈計程車拒載客的客訴今天掉了一半，「TADA」的效果?〉，《B-Z韓國》，2019.11.15。
3 朴成熙、金章浩等，〈代駕實態調查與政策研究〉，國土交通部，2020.04。
4 姜尚旭等，〈外國的出租車制度營運事例和啟示〉，韓國交通研究院，2013.05。
5 嚴志雄，〈AB5一法來到眼前的意義，美國優步勞工還好嗎?〉，《*Byline.network*》，2019.12.18。
6 〈優步「與其直接僱用，不如轉包」，加州推進迂迴服務〉，《LA中央日報》，2020.08.19。
7 鄭恩熙、尹志延、恩惠進，〈「快遞英雄」在澳洲吃「霸王餐」〉，《真世界》，2020.02.04。
8 全勝勳，〈Foodora中斷在加拿大的服務〉，《加拿大韓國日報》，2020.04.28。

第四章

1 李惠元，〈首爾買房連想都不敢想……有錢人才買得起〉，《*NEWSIS*》，2020.05.26。

2 成秀賢，〈想賺第二筆薪水嗎？用 N job 創作分身〉，《*topclass*》，2020.09。

3 李善目，〈GS Retail 在業界首次推出徒步送貨平臺「Woodel」〉，《朝鮮日報》，2020.08.03。

4 林善英，〈計程車司機二七％為六十五歲以上……超過九十歲的司機有二三七名〉，《中央日報》，2018.09.30。

5 Forbes.com, WORLD'S BILLIONAIRES LIST: The Richest in 2020.

6 金樂年，〈韓國的所得不平等，一九六三～二〇一〇〉，經濟發展研究，2012。

7 孫海龍，〈政府即使投入數十兆韓元創造工作崗位與福利……上下層收入差距仍達五．三倍，歷年最差〉，《中央日報》，2019.08.23。

8 尹英順，〈恐怖的職場——亞馬遜……新進職員年薪 IT 業界最高〉，《聯合新聞》，2016.05.09。

9 蔡善熙，〈酷澎，「入社祝賀金五千萬元」公開招募二百名技術職位〉，《韓國經濟》，2020.06.24。

10 沃特．席代爾 (Walter Scheidel)，《不平等的歷史》(*The Great Leveler*)。

11 李允英，〈貝佐斯財產超過兩千億美元後蜂擁而至的示威人潮……住宅前設置斷頭臺〉，《聯合新聞》，2020.08.28。

12 曹容賢，〈「曹容賢沙龍」河回村北村宅邸〉，《朝鮮日報》，2004.10.29。

13 柳鍾成，〈基本收入不是福利國家的敵人，而是救援投手〉，《*Pressian*》，2020.06.24。

14 延允廷，〈代理駕駛職災保險加入者只有三名〉，《每日勞動新聞》，2020.09.04。

15 金寶藍，〈Kakao Bank，貸款八九％過於集中在高信用者〉，《文化日報》，2020.10.12。

16 陳達來，〈外送勞動者團體要求與外送民族進行團體交涉……首個平臺工會〉，《韓國日報》，2019.12.15。

17 裴正元，〈改裝成無人店鋪，銷售額成長兩倍……受歡迎的祕訣〉，《中央日報》，2020.08.08。

18 金志煥，〈我們是否是用戶不明確……Kakao 拒絕代駕工會交涉要求〉，《京鄉新聞》，2020.08.28。

19 《東亞日報》，一九四六年八月十三日，三版。

20 李孝相，〈第四次工業革命委員會唯一的勞工界委員黃善子——委員會建議書，IT企業家委員長只反映經營界的立場〉，《京鄉新聞》，2019.11.05。

國家圖書館出版品預行編目資料

什麼都能外送！比臥底報導更真實的故事，資深社會記者轉行做外送、代駕、揀貨員，揭露惡性競爭內幕、拆穿高收入假象／金夏永著;馮燕珠譯.——初版一刷.——臺北市：三民，2022
面； 公分.——(Insight)

ISBN 978-957-14-7514-1 （平裝）
1. 外送服務業

489.1 111012884

Insight

什麼都能外送！

比臥底報導更真實的故事，資深社會記者轉行做外送、代駕、揀貨員，揭露惡性競爭內幕、拆穿高收入假象

作　　者｜金夏永
譯　　者｜馮燕珠
責任編輯｜翁英傑
美術編輯｜詹士嘉

發 行 人｜劉振強
出 版 者｜三民書局股份有限公司
地　　址｜臺北市復興北路 386 號 (復北門市)
臺北市重慶南路一段 61 號 (重南門市)
電　　話｜(02)25006600
網　　址｜三民網路書店 https://www.sanmin.com.tw

出版日期｜初版一刷 2022 年 9 月
書籍編號｜S541540
I S B N｜978-957-14-7514-1

뭐든 다 배달합니다
The True Story of the Gig Worker

三民書局